「知っている…」が「わかる！」になる

気象と天気図がわかる本
しくみ・読み方・書き方

ビジュアル徹底図解

天気検定協会 監修

メイツ出版

はじめに

　農業や漁業に携わる方だけでなく、「天気」は私たちの暮らしに重要なものです。

　今日は傘を持っていったほうがいいかしら。

　暑くなるかな。寒い日が続くのだろうか。

　桜はいつ咲くか。衣更えをいつしようか。

　台風や雷などの災害も気になるでしょう。

　電車が遅れたり、外出できなかったりするだけでなく、命に関わる場合も少なくありません。

　新聞やテレビ、インターネットなどで天気予報を確認するのが日課になっている方も多いと思います。手紙の時候の挨拶、人と会ったときの最初の話題など、人とのコミュニケーションにも天気は役立っています。人類は、古来から自然の力に畏敬の念を抱き、変化を知るために様々な工夫を凝らしてきました。

　1995年から気象予報士試験が始まりましたが、気象庁から提供されるデータを用いて天気を予測し、適切な防災情報を伝えるのが気象予報士の仕事であるため高度な専門知識を必要とし、気軽に天気を知りたいという趣旨とは異なります。

　そこで、作られたのが、われわれ天気検定協会による「天気検定」です。身近な天気の疑問に始まり、産業や生活、文化に至るまであらゆる分野を網羅し、天気についてより深く知って、面白さや奥深さを感じていただきたいというのが私たちの願いです。

　本書は、イラストや写真を多く用い、目で見てわかりやすいことを大切に編集いたしました。お子様から大人の方にも楽しんで学んでいただけると思います。さらに、天気図の書き方を順をおって説明しました。ぜひ、一度天気図を書いてみていただきたいと思います。この本が、生活がより豊かになるきっかけになることを願うのと同時に、気象学がもっと活性化することにつながれば幸いです。

2018年6月　天気検定協会

気象と天気図がわかる本　目次

2　はじめに

※本書は 2014 年発行の『気象と天気図がわかる本』を元に加筆・修正を行っています。

7　## 第 1 章　気象と天気図を理解する【基礎知識編】

8　### 雲のしくみと上昇気流
　　雲のできるしくみ／上昇気流の種類

10　### 雲の種類
　　雲の種類と高度の関係（対流雲・上層雲・中層雲・下層雲）

12　### 雨と雪のしくみ
　　雨の大きさ／雨粒の落下速度／暖かい雨が降るしくみ／
　　冷たい雨が降るしくみ

14　### 風の吹くしくみ
　　風が吹くしくみ／低気圧・高気圧と風／地球の大気の循環

16　### 風の種類
　　季節風／局地風／海陸風／山谷風

18　### 霧のしくみ
　　霧のでき方／飽和水蒸気量と露点／霧の種類

20　### 竜巻のしくみ
　　竜巻のしくみ／藤田スケール／ダウンバースト／スーパーセル

22　### 雷のしくみ
　　雷のしくみ／雷監視システム／起こりやすい場所／避難方法

24　### 気象観測の種類
　　気象庁による気象観測（気象レーダー・気象衛星・アメダス・
　　観測環境と観測地点マップ）

28　### アメダスにおける観測機器
　　降水量／風向・風速／気温／日照時間／積雪の深さ

30　### 気象衛星画像
　　気象衛星とは／気象衛星の種類（赤外画像・可視画像・水蒸気
　　画像）／画像による雲の種類の判別

34 天気図に必要な記号
天気記号（天気記号・風力記号）／等圧線

36 前線
温暖前線／寒冷前線／停滞前線／閉塞前線

38 高気圧・低気圧
高気圧／低気圧（温帯低気圧・熱帯低気圧・寒冷低気圧）

40 天気図の見方
地上天気図と新聞天気図（地上天気図・新聞天気図）

42 気象衛星画像と天気図
気象衛星画像と天気図

44 台風のしくみ
台風のしくみ／台風とハリケーン／台風の大きさと強さ

46 気団
気団（四季をつくる気団・気団の種類）

48 天気予報用語
天気予報の種類（「一時」「時々」「のち」・時間帯・天気を表す
用語・場所を表す用語・「快晴」「晴れ」「曇り」の定義・降水量
の定義・風の強さの定義・台風の進路予想図の見方・予報に使わ
れる「3階級」・注意報・警報）

54 **COLUMN ❶** ナウキャストの使い方

55 **第2章　天気図の書き方**

56 天気図の書き方
準備するもの（ラジオ・天気図用紙・鉛筆）／気象通報／書き方／
気象通報放送原稿（漁業通報）

62 ①天気の記入
64 ②高気圧、低気圧を記入
65 ③前線を記入
66 ④等圧線の記入
68 **COLUMN ❷** 天気図の歴史

4

69 第3章　四季で変わる気象と天気図
【春編（3・4・5月）】

70 春の気象用語
寒冷前線／停滞前線／温帯低気圧／放射冷却／日較差／逆転層
フェーン現象／煙霧／視程
74 春一番　天気図／春一番とは
76 春の嵐　天気図／春の嵐／春の嵐がもたらすもう一つのパターン
78 菜種梅雨　天気図／菜種梅雨／雨の割合
80 黄砂　天気図／黄砂
82 寒の戻り　天気図／寒の戻り／花冷え
84 移動性高気圧　天気図／移動性高気圧／移動性高気圧の成因
86 寒冷低気圧　天気図／寒冷低気圧・あられ・ひょう
88 COLUMN 3　UV とは？

89 第4章　四季で変わる気象と天気図
【夏編（6・7・8月）】

90 夏の気象用語
梅雨前線／梅雨入り・梅雨明け／オホーツク海高気圧
太平洋高気圧／梅雨前線の振動／五月晴れ／やませと冷害
梅雨前線の活発化／暖気移流／梅雨明け 10 日／大気不安定
鯨の尾型／集中豪雨
94 梅雨入り　天気図／梅雨入り／梅雨のタイプ
96 梅雨の中休み　天気図／梅雨の中休み／梅雨の中休みの2つのパターン
98 梅雨末期の集中豪雨　天気図／梅雨末期の集中豪雨／湿舌
100 梅雨明け　天気図／梅雨明け／梅雨明けの発表がない年
102 猛暑　天気図／猛暑／猛暑日記録
104 冷夏　天気図／冷夏／ブロッキング高気圧
106 ゲリラ豪雨　天気図／ゲリラ豪雨／積乱雲の組織化
108 COLUMN 4　ヒートアイランド／ヒートアイランド緩和への取り組み

5

第5章　四季で変わる気象と天気図
【秋編（9・10・11月）】

109

110 秋の気象用語
残暑／秋雨前線／北東気流／二つ玉低気圧／気圧の谷
地形性降雨／移動性高気圧／海水温／小春日和／最小湿度
114 残暑　天気図／残暑／熱中症
116 秋雨前線　天気図／秋雨前線／秋雨前線と体育の日
118 台風　天気図／台風／台風の平年値／台風の風と雨の特徴
120 秋晴れ　天気図／秋晴れ／帯状高気圧
122 木枯らし　天気図／木枯らし1号とは／冬型の気圧配置がもたらす
現象
124 初霜・初冠雪　天気図／初霜・初冠雪／霜のでき方
126 COLUMN ⑤ 台風の名前

第6章　四季で変わる気象と天気図
【冬編（12・1・2月）】

129

130 冬の気象用語
西高東低／冬型の等圧線／時雨／離岸距離／上空の寒気
真冬日の年間日数／冬日と低温注意報／山雪型／里雪型
日本海の小低気圧／日本海寒帯気団集束帯（JPCZ）／流氷
134 鰤起こし（冬季雷）　天気図／冬季雷
136 冬型の気圧配置　天気図／冬型の気圧配置／筋状の雲
138 真冬日　天気図／真冬日／細氷・氷霧
140 南岸低気圧　天気図／南岸低気圧／東京の雪
142 大雪（山雪）　天気図／山雪型／冬型の気圧配置がもたらす現象
144 大雪（里雪）　天気図／里雪型とは

146 ・地域別気象記録（歴代全国ランキング）
148 ・二十四節気（季語カレンダー）
152 ・日本の気候区分
153 索引

第1章

気象と天気図を理解する
基礎知識編

雲のしくみと上昇気流

雲の形成には、上昇気流が関係してきます。上昇気流のパターンによって、どういうしくみで雲ができるかを説明します。

雲のできるしくみ

空気の塊が上昇すると気圧が低下します。それにより温度が下がり、露点以下になると小さな水滴ができます。これが雲です。

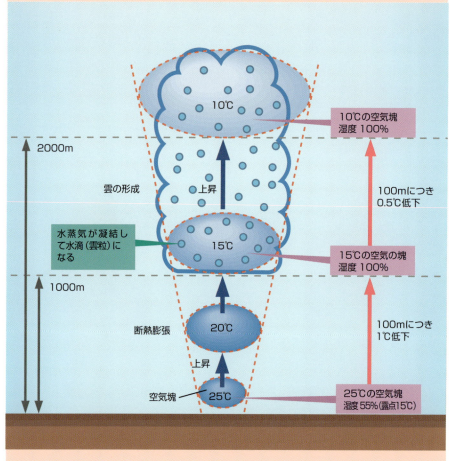

【豆知識】「露点温度」とは、水蒸気を含む空気を冷やしていき飽和に達したときの温度。

上昇気流の種類

①前線性上昇気流

冷たい空気（寒気）と暖かい空気（暖気）がぶつかると、暖気の方が軽いので上に乗り上げます。温暖前線と寒冷前線とがあります。

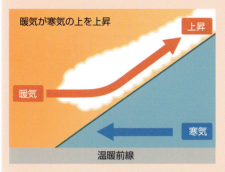
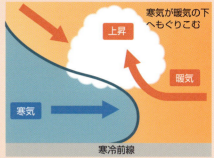

②対流性上昇気流

温かく軽い空気が冷たく重い空気より下にあるときには、軽い方の暖気が上昇します。

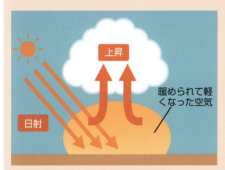

③地形性上昇気流

山などの地形的要素のために、風が斜面に沿って強制的に上昇します。

④低気圧性上昇気流

低気圧や台風の中心の気圧の低いところに風が吹き込み、上昇します。

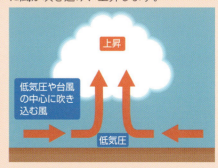

【豆知識】上空で気流が波打って部分的に上昇気流ができ、雲が発生することがある。

雲の種類

雲の種類は、できる高度や形によって10種類に分けることができます。これを十種雲形といいます。

雲の種類と高度の関係

上下方向の対流による対流型の雲と、ある高さで水平方向に広がる層状雲に大きく分けることができ、形と高さで10種類に分類できます。それはWMO（世界気象機関）が定めた「十種雲型」と呼ばれる分類です。ここでは高さ別に紹介していきます。

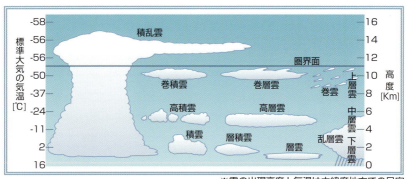

※雲の出現高度と気温は中緯度地方での目安

対流雲（下層〜上層）

①積雲
別名：わた雲
晴れている日中に単独で浮かんでいることが多い。

②積乱雲
別名：入道雲　雷雲
積雲が山のように立ち上り、圏界面近くやそれ以上まで発達した雲。雷や雨、あられやひょうを降らせる。

10　【豆知識】飛行機雲はエンジンの排気ガスからできるものと翼の周囲の低圧部で発生するものがある。

上層雲（5000 m 以上）

③巻雲

別名：すじ雲
刷毛で掃いたような筋状の雲。

④巻積雲

別名：うろこ雲　いわし雲
細かいさざ波のように見える薄い粒状の雲。

⑤巻層雲
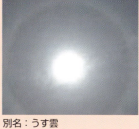
別名：うす雲
ベールのように広がる薄い雲。太陽や月に暈をかける。

中層雲（2000 m 〜 7000 m）

⑥高積雲

別名：ひつじ雲　むら雲
丸い塊のような雲がまだらに並ぶ。巻積雲より1つ1つが大きい。

⑦高層雲

別名：おぼろ雲
灰色で空全体に厚い層となっている。

⑧乱層雲

別名：雨雲　雪雲
暗い灰色で空全体を覆っている。雨や雪を降らせる。

下層雲（地表近く〜 2000 m）

⑨層積雲

別名：くもり雲　うね雲
低い高さで畝のように並ぶ雲。

⑩層雲

別名：きり雲
低いところに層状に広がる雲。地表に接していると霧と呼ばれる。

【豆知識】雲の位置が高ければ、温度が下がるので氷の粒になり、低いと水滴になる。

雨と雪のしくみ

雨は雲から降ります。ある条件下で、雲を作っている細かい水滴や氷晶の粒が大きくなると、空中に浮かんでいることが不可能になり、地上に落ちてきたのが雨です。

雨の大きさ

　雲の粒は通常半径 0.01 mm ほどですが、雨の大きさは半径 0.1 〜 5 mm ほどで、10 〜 500 倍の大きさがあります。空気は上昇すると気温が下がるため、飽和水蒸気量（空気に含むことのできる水蒸気量）も下がり、水蒸気が凝結して雲粒ができます。雲粒同士がぶつかりあって大きくなったり、雲粒のまわりに水蒸気が凝結したりして急速に大きくなります。雨粒の成長過程には、冷たい雨と暖かい雨の2種類があり、しくみがそれぞれ異なります。

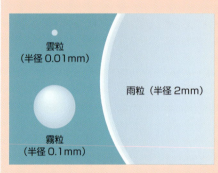

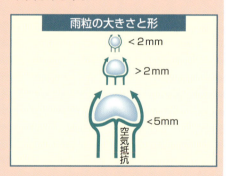

雨粒の落下速度

　雨粒の大きさによって落下速度が異なります。大きい雨粒ほど落下速度が大きく、空気抵抗を受けて鏡餅のような形になります。

　大きい雨粒は落下速度が大きいため、小さい雨粒に追いついて合体し、さらに大きくなります。

粒の種類	半径（mm）	最終落下速度（cm/s）
雲粒	0.01	1.2
	0.1	80
雨滴	1.0	700
	2.5	1000

【豆知識】日本で降る雨は、80%が冷たい雨である。

暖かい雨が降るしくみ

　主に熱帯で降る雨です。高度が高くても0℃以上あるため、全て水滴でできています。
　空気中のほこりや海のしぶきの中に含まれている大きな塩粒を核にして雨粒ができ、大きい雨粒が小さい雨粒を併合して成長し、雨として地上に降ります。

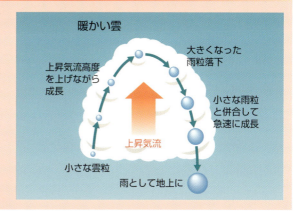

冷たい雨が降るしくみ

①
まず飽和状態を超えた量の水蒸気が含まれた雲の中で氷晶と過冷却水滴が混在している。過冷却水滴が蒸発し、氷晶のまわりにくっついて（昇華して）雪の結晶となる。

②
雪の結晶どうしが衝突してくっついたり、過冷却水滴が雪の結晶のまわりに凍りついたりして霰や大きい雪の結晶になる。

③
上昇気流が霰や雪を支えきれなくなり落下する。0℃以上の場合には溶けて雨になり、0℃以下の場合には、溶けずに雪や霰となる。

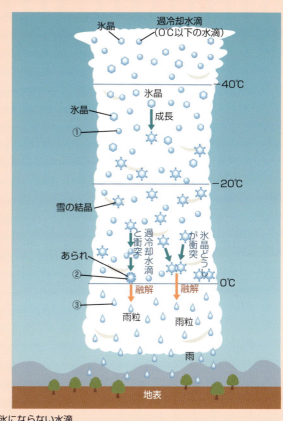

※過冷却水滴…気温が0度以下でも氷にならない水滴

【豆知識】ダイヤモンドダストは昇華した水蒸気が細氷となって空中に漂っているもの。

風の吹くしくみ

空気の一部が太陽による熱で暖められ、周りの空気と気圧差ができると空気が動きます。これが「風」です。

風が吹くしくみ

　気圧の高いところと低いところが隣り合った場合、空気は均一になろうと、気圧の高い方から低い方へと空気が押し出され移動します。この空気の流れを「風」といいます。気圧の差が大きいほど空気が押し出される力（気圧傾度力）が大きく、風が強く吹きます。
　気圧傾度力は等圧線に垂直に働く力ですが、地球が自転しているために北半球では進行方向に対して右向き、南半球では左向きに力を受けます。これを「コリオリの力」といいます。気圧傾度力とコリオリ力がつり合うと等圧線に平行に風が吹きます。これを地衡風といいます。

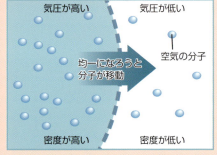

低気圧・高気圧と風

　地表付近では地面との摩擦力を受けるため、風は気圧の高い方から低い方へ斜めに吹きます。その結果、低気圧の中心に向かって風が吹き、中心に集まった空気は上昇します。低気圧の中心は上昇気流によって雲が発生します。
　反対に高気圧では、下降気流が地表で外側に吹きだし、時計回りの渦巻状に外側へ吹く風となります。

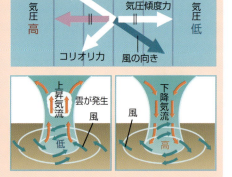

14 　【豆知識】地球の自転による「コリオリの力」は高緯度ほど大きい。

地球の大気の循環

　地球の表面は低緯度ほど太陽光で強く温められ、低緯度と高緯度で温度差ができます。そのため、南・北半球でそれぞれ3つの大きな空気の流れができ、太陽エネルギーが全体に行き渡るのです。

　赤道付近で暖められた空気が上昇し、気流が生まれます。中緯度へ動いた空気は冷やされて下降し、地表付近で再び赤道の方へ向かいます。この対流が図の中のBとCに当たり、ハドレー循環といいます。地表付近を赤道に向かう風は、地球の自転の影響（コリオリの力）で東から西へと吹く風となります。これを貿易風といいます。

　逆に極付近からは、冷たく重い空気が中緯度に向かって流れます。中緯度で暖められて上昇し、上空を極へ向かって戻ります。この対流が極循環です。

　極付近から流れ出す空気は、やはりコリオリの力で東寄りの風になります。これを極偏東風と呼びます。

　ハドレー循環と極循環にはさまれた中緯度の付近では、ハドレー循環による下降気流、極循環による上昇気流の両方に影響され、2つの対流とは逆の向きに空気が循環します。図の中のAとDがこれにあたり、フェレル循環といいます。亜熱帯高圧帯と寒帯前線帯の間は西から東に風が吹き、これを偏西風といいます。

　日本は偏西風帯の中にあり、西から風が吹くので、天気も西から変わっていきます。偏西風帯と極偏東風帯の境目では暖かい空気と冷たい空気がぶつかるので前線ができやすい傾向にあります。更に偏西風は上空ではジェット気流と呼ばれる更に強い風となります。

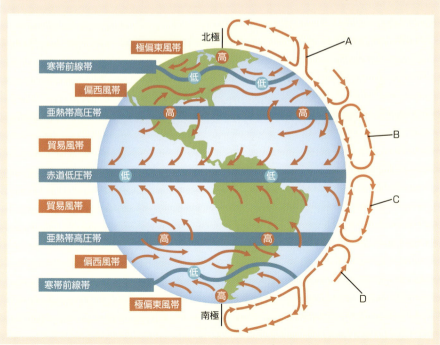

【豆知識】地軸が傾いていなかったら、大気の循環は南北それぞれ1種類だったといわれている。

風の種類

季節や地形によって風の規模や、向きが異なります。ここでは、主な風の種類を紹介します。

季節風

「季節風」は季節ごとに風向きが変わる風のことです。「モンスーン」とも呼ばれています。特にアジア大陸で顕著な現象です。

季節風は、陸と海の温度差が影響しています。陸地は暖まりやすく、冷めやすい特性があります。一方、海水は温まるのに時間がかかりますが、冷めにくいのが特徴です。

そのため、夏は陸の方が早く温まるので空気が上昇し、そこへ海から空気が移動します。これが夏の季節風です。海から吹く風なのでたくさんの水蒸気を含んでいます。

冬は、逆に海の空気の方が冷えにくいので、陸地の空気の方が冷たくなり、陸から乾燥した風が吹きます。

局地風

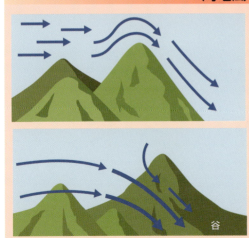

地形の特長により、ある特定の地域に吹く風を局地風といいます。

山を越えた風は下り斜面に沿って吹き降ろすので、これを「おろし」と呼びます。

また、山にぶつかった風が狭い谷を一気に抜けて強く吹く風を「だし」といいます。

これらは、地形による要因が大きいので、決まった場所で、ある特定の季節によく見られる現象です。

16　【豆知識】冬に吹く冷たく乾燥した北西風を関東では「空っ風」と呼ぶ。

海陸風（かいりくふう）

　晴れた風の穏やかな日の昼間は海から陸に向かって風が吹き、夜は逆に陸から海に向かって風が吹きます。海からの風を海風、陸からの風を陸風と呼びます。

　太陽の熱で陸は暖まりやすく冷めやすい性質を持っています。一方、海は陸に比べ暖まりにくく冷めにくい性質があります。風は冷たいほうから暖かいほうへ向かって吹くので、昼は温度の低い海から吹き、夜は陸から吹くということになります。宵や朝方の陸風と海風が交代するときに、一時的に風がやみます。この状態を凪（なぎ）といいます。

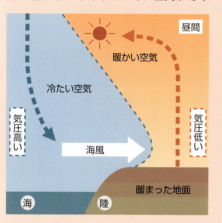
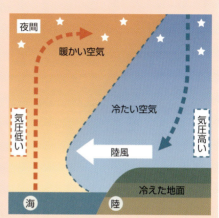

山谷風

　山地でも昼と夜で風の向きが逆転することがあります。高気圧に覆われた穏やかな天候のときには、昼間は、山の斜面が暖まり、谷から山へ向けて斜面に沿って空気が上昇します。これが谷風です。逆に夜間には放射冷却によって冷やされた空気が斜面に沿って谷に向けて下降します。これを山風と呼びます。

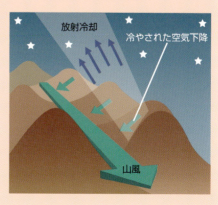

【豆知識】群馬の「赤城おろし」や兵庫の「六甲おろし」、山形の「清川だし」がよく知られている。

霧のしくみ

空気中に含まれる水蒸気が地表近くで冷やされて小さな水滴になったものが霧です。また、雲が地表付近に下りてくる場合も霧になります。

霧のでき方

気温が下がり、飽和水蒸気量が下がると空気中で水蒸気が凝結し、小さい水滴に変化します。半径0.01〜0.02mmの水滴が空気中に浮いている状態が霧で、雲粒と大きさは変わりません。ですから、山の上の方の霧は地上から見たら雲に見えます。

現象としては、もやと霧は同じものですが、視程が1km未満は霧、1km以上10km未満の場合はもやと呼びます。

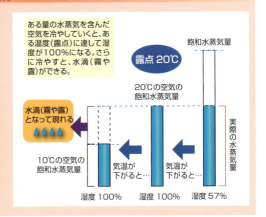

飽和水蒸気量と露点

飽和水蒸気量とは、空気中に含むことのできる水蒸気量の限度のことです。気温が低いと飽和水蒸気量は小さくなります。つまり、気温が下がれば、空気中の水蒸気は気体から液体へと変化し小さい水滴になったものが霧や露です。

気温が下がり、湿度が100%に達して霧や露に変化するときの温度を露点といいます。

冷たい水が入ったコップの周りに水滴がつくのは、コップに触れた空気の温度が下がり、露点より低くなったため、気体中の水蒸気が液体へと変化したものです。

さらに、温かいお湯が入ったお風呂から湯気が立つのは、お湯に接した部分の空気が上昇して冷やされ、露点以下になったため、霧状になったからです。

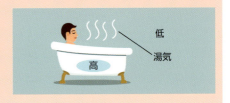

【豆知識】一般に雲粒は、霧の粒より小さいので、雲の中に入っても濡れにくい。

霧の種類

①放射霧

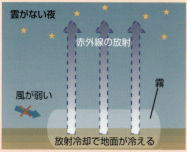

雲がなく風が弱いという条件の夜に、放射冷却によって地表近くの空気が冷やされたため発生。

②移流霧

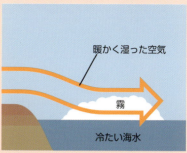

湿った暖かい空気が冷たい海面上に流れこんだときに、空気が冷やされ発生。

③蒸気霧

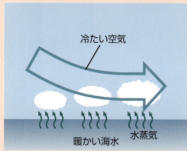

暖かい海面上に冷たい空気が流れ込んだ際、海面から発生した水蒸気が霧になる。

④滑昇霧

山の斜面に沿って上昇した空気が膨張して冷やされたときに発生。

⑤前線霧

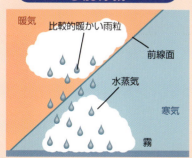

前線面の雲から落下した比較的暖かい雨粒が蒸発し、寒気内の地表付近で飽和して霧になったもの。

⑥混合霧

冷たい空気と暖かく湿った空気がぶつかって混じりあった際、暖かい空気が冷やされて発生。

【豆知識】風の弱い盆地では、放射霧が発生しやすい。

竜巻のしくみ

竜巻は発達した積乱雲から垂れ下がるように発生した、漏斗状の渦巻きです。
地上付近では風が猛烈な強さとなり、大きな被害を生じることがあります。

竜巻のしくみ

　上空に寒気が流れ込み、その一方で下のほうに暖かく湿った空気がある場合など、大気の状態が不安定なとき、また、大気を水平方向に回転させる条件が加わった際、発生しやすくなります。日本では、台風の襲来時や寒冷前線の通過時などに多く見られます。
　最も竜巻の発生回数が多いのは9月です。

右のグラフは、1991年～2012年までに確認した竜巻349件について、月別に集計した結果です。前線や台風の影響および大気の状態が不安定となりやすいことなどにより、突風の発生確認数は7月から11月にかけて多く、この4ヵ月で全体の約68％を占めているなど、季節による違いが見られます。

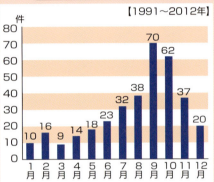

竜巻の月別発生回数 【1991～2012年】

月	1	2	3	4	5	6	7	8	9	10	11	12
件数	10	16	9	14	18	23	32	38	70	62	37	20

集計対象：「竜巻」および「竜巻またはダウンバースト」である事例のうち、水上で発生し、その後上陸しなかった事例（いわゆる「海上竜巻」）は除いて集計しています。

藤田スケール

　藤田スケール（Fスケール）は、竜巻やダウンバーストなどの風速を、構造物などの被害調査から簡便に推定するために、シカゴ大学の藤田哲也氏により1971年に考案された、国際的な風速スケールです。

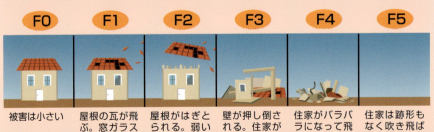

F0	F1	F2	F3	F4	F5
被害は小さい	屋根の瓦が飛ぶ。窓ガラスが割れる	屋根がはぎとられる。弱い非住家は倒壊	壁が押し倒される。住家が倒壊	住家がバラバラになって飛散。1t以上のものも飛ぶ	住家は跡形もなく吹き飛ばされる

【豆知識】日本では今までF3以下の竜巻しか観測されていない。

ダウンバースト

　積乱雲から生じた冷たい下降気流は地面へと向かいます。それがあちこちの方向へ広がり、突風となります。途中で弱まらず地表へ叩きつけるようにぶつかり、四方へと広がる突風を「ダウンバースト」と呼びます。

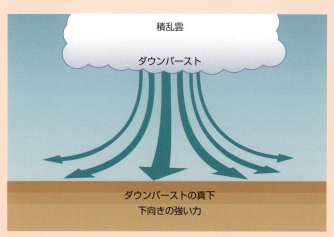

スーパーセル

　通常の積乱雲は水平方向に数キロの規模で、降雨が始まってから1時間ほどで衰退します。しかし、スーパーセルは十数キロにも及ぶ大きさで、10時間以上持続します。下降気流と上昇気流が別の場所にできるため、立体として持続するしくみになっています。

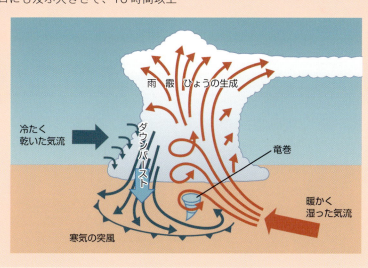

【豆知識】竜巻はアメリカではトルネードと呼ばれ、F5クラスが発生することもある。

雷のしくみ

積乱雲の中で氷晶とあられが衝突したときに摩擦によって電荷を帯び、一定以上たまった電気が空中に流れ出たのが、「雷」です。

雷のしくみ

雷は雲の中で「あられ」と氷晶（小さい氷のつぶ）の衝突により起こります。湿った空気が激しく上昇して上空の低い温度の層に達すると「あられ」や氷晶が多量に発生し、雷雲となります。このため、雷は上空高くまで発達した積乱雲で発生し、雷雲の背丈は夏は7km以上、冬は4km以上となります。

放電する際に発生する音が「雷鳴」で、光が「電光」です。また、雲と地上の間で発生する放電を「対地放電」（落雷）といい、雲の中や雲と雲の間などで発生する放電を「雲放電」といいます。

雷監視システム

雷監視システムは、雷により発生する電波を受信し、その位置、発生時刻等の情報を作成するシステムです。この情報を航空会社などに直ちに提供することにより、空港における地上作業の安全確保や航空機の安全運航に有効に利用されています。気象庁では、この雷監視システムをライデン（LIDEN：LIghtning DEtection Network system）と呼んでいます。

VHFアンテナ（VHF帯）
雷の位置を求めるためVHF帯の電波を受信する。
LFアンテナ（LF帯）
対地放電の位置、特性、電流値を求めるためLF帯の電波を受信する。
GPSアンテナ
GPSにより高精度時刻を取得する。
検知局処理装置
① 5本のVHFアンテナで、同時刻に受信した電波の位相のずれから雷の方位を算出する
② LFセンサで受信した電波を波形解析する。
③ ①と②で求めたデータに時刻を付して1秒ごとに中央処理局へ受信する。

【豆知識】雷は一発約1000～20万アンペアで、電圧だと200万～2億ボルト。一般家庭の約2ヵ月分の消費量に値する。

起こりやすい場所

　全国各地の気象台の観測に基づく雷日数（雷を観測した日の合計）の平年値（1981〜2010年までの30年平均値）によると、年間の雷日数が多いのは東北から北陸地方にかけての日本海沿岸の観測点で、もっとも多い金沢では42.4日となっています。これは、夏だけでなく冬も雷の発生数が多いことによるものです。

避難方法

　雷は、積乱雲の中で氷の粒とあられが衝突することで発生します。本州の太平洋側では、夏に落雷の被害が1年で最も多くなり、日本海側では冬に最も多くなります。夏の午後に発生する積乱雲からの雷を「熱雷」と呼び、狭い場所に集中して多くの落雷が発生させます。雷から身を守る方法として、以下のことが挙げられます。
①車や列車、バス、コンクリート建築の内部などの安全空間に避難する。
②高い物体や木からできるだけ離れて低い姿勢をとる。
③水は電気を通しやすいため、海水浴をしている場合は海から出る。
④4〜30メートルの鉄塔や煙突があれば、その先端を45度以上の角度で見上げる範囲に逃げる。また、30メートルを超える高さであれば、その真下から半径2〜30メートルの範囲内に逃げる。

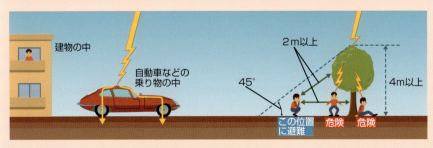

【豆知識】日本海側では、冬の雷のことを「雪おこし」や「ぶりおこし」と呼ぶ。

気象観測の種類

気象観測の要素に行は、気圧、気温、湿度、風向、風速、降水量、積雪の深さ、降雪の深さ、日照時間、全天日射量、雲、視程、大気現象等があります。

気象庁による気象観測

気象庁では様々な方法で現在の気象状態を観測しています。気象観測には「有人・無人」「地上・高層」など多くの種類があり、観測したデータを基に天気予報をおこないます。

	地上	高層
有人	管区気象台、地方気象台　など	―
無人	アメダス	気象レーダー、ラジオゾンデ　など

気象要素の大部分は測器によって自動的に測定されますが、大気現象などの一部の要素は観測者が目視によって観測しています。

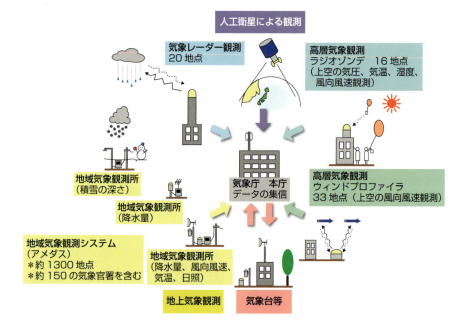

【豆知識】1872年、北海道函館に日本初の気象観測所が設立された。

気象レーダー

　気象レーダーは、アンテナを回転させながら電波（マイクロ波）を発射し、半径数百kmの広範囲内に存在する雨や雪を観測するものです。また、気象ドップラーレーダーは、雨や雪の強さに加え、戻ってきた電波の周波数のずれ（ドップラー効果）を利用して、雨や雪の動きから風を観測することができます。

発射した電波が戻ってくるまでの時間から雨や雪までの距離を測る。
戻ってきた電波（レーダーエコー）の強さから雨や雪の強さを観測。

気象衛星

　世界には10の静止気象衛星と4つの極軌道衛星があり、これらが地球全体をカバーして雲の様子を観測しています。日本が打ち上げている静止気象衛星「ひまわり」はその中の1つで、現在はひまわり8号、9号が東経140.7度の赤道上空、約3万5800kmに静止し、1日576回観測を実施し、約10分ごとに全球域の観測を、約2.5分ごとに日本域の観測をおこなっています。
　「ひまわり」は地球の自転と同じように24時間かけて地球を一周するため、地球上からは止まっているように見えますが、実際は秒速7.9km（時速約2万8800km）で動いています。

【豆知識】日本の気象衛星「ひまわり」は現在8号9号が活躍している。

アメダス

　アメダスとは、1974年11月1日から始まった無人の地上気象観測システム（<u>A</u>utomated <u>M</u>eteorological <u>D</u>ata <u>S</u>ystem）のことで、頭文字（下線部）をとってこの名前がつけられました。

　アメダスは「降水量」「風向風速」「気温」「日照時間」の4要素に加え、積雪の多い地域では「積雪の深さ」も観測しています。またその日の「最大瞬間風速」「最高・最低気温」も観測されています。これらが10分ごとに気象庁のアメダスデータセンターに集められ、精度をチェックして全国の気象台や国の防災機関、メディアなどに配信されています。

　また、アメダスのデータをもとに、注意報、警報、台風情報などが作成され、私達の生活になくてはならないものとなっています。

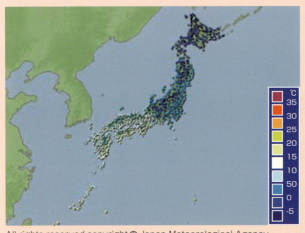

アメダス 全国の気温
1月15日13時の気温

All rights reserved.copyright ⓒ Japan Meteorological Agency

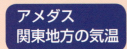

1月15日13時の気温

All rights reserved.copyright ⓒ Japan Meteorological Agency

【豆知識】アメダスで取得されたデータは、有線で気象庁に10分ごとに配信されている。

観測環境と観測地点マップ

アメダスの観測環境

観測地点周辺の地域を代表する観測をおこなうためには、周囲の地形、建物、樹木等の影響をできるだけ避けるようにして気象測器を設置します。

気象庁のアメダス観測所（気温・雨量・風・日照・積雪を観測している）の一般的な観測環境は次のとおりです。

一般的な観測環境	
	風通しや日当たりの良い場所
	自然の風を妨げないような材料で柵を設ける（外部からの立入りにより不慮の事故や測器の障害の発生を防ぐ）
	観測場所（露場）は設置される測器に望ましい観測環境
	気象測器の設置部分（30平方メートル以上）に芝生を植える（地面からの日射の照り返し、雨滴の跳ね返りを少なくするため）
	設置部分に天然芝の代わりに人工芝を使ってもよい

地域気象観測システム（アメダス）観測網

■ 気象官署　155ヵ所（特別地域気象観測所を含む）
○ 四要素観測所　687ヵ所（雨・気温・風・日照時間）
○ 三要素観測所　88ヵ所（臨時観測所8ヵ所を含む）
　（雨・気温・風）
○ 雨量観測所　371ヵ所（臨時観測所5ヵ所を含む）
＋ 積雪観測所　323ヵ所

父島、南鳥島は四要素、母島は雨量を通報

平成29年12月12日現在：気象庁

第1章　気象と天気図を理解する【基礎知識編】

【豆知識】1965年に設置された富士山レーダーは標高3776mの山頂に作られたが、1999年に引退し、いまは山梨県にドーム館として保存されている。

アメダスにおける観測機器

アメダスの観測網は、降水量の観測が約17km四方に1ヵ所、風向・風速・気温・日照時間の観測が約21km四方に1ヵ所と、世界に誇る細かさとなっています。

ほとんどのアメダスが70㎡以上の面積を有しており、その中に気象測器を設置しています。気象測器が設置されている場所を露場といい、周囲の地形や建物の影響などを考慮して設置されています。

父島気象観測所の露場

降水量（約1300ヵ所）

転倒ます式雨量計の内部

雨量計

ある時間内に降ってくる雨や雪のたまった深さを0.5mm単位で観測します。雪やあられなどは溶かして水にして計ります。

観測は転倒ます式雨量計でおこないますが、寒冷地では転倒ます式雨量計の外筒が二重構造になった温水式雨量計を使います。

風向・風速（約840ヵ所）

風向は風の吹いてくる方向のことで、観測前10分間の平均値を16方位（注1）で表します。「北の風」とは、北から吹いてくる風をいいます。風は絶えず変動しているため、瞬間値と平均値がありますが、単に風速という場合は観測前10分間の平均値を0.1m/s単位で表したもの（アメダス地図形式は1m/s単位の表示）をいいます。

最大風速の場合は風速の任意期間内の最大値を、最大瞬間風速は任意期間内の瞬間値そのものを用います。

観測は風車型風向風速計でおこないます。プロペラの向いている方が風上で、プロペラの回転数で風速を求めます。

風向風速計

28　【豆知識】寒冷地などでは溢水式ますが使われ雪を溶かしてから降水量を測る。

気温（約840ヵ所）

　気温とは空気の温度のことで、摂氏0.1℃単位で表します。日射などの影響を考慮し、地上1.5mの空気の温度（積雪があるときは、雪面が上1.5m）を観測します。

　観測は電気式温度計でおこないます。断熱材の入った通風筒の中に入った電気式温度計には白金抵抗温度センサーが使用されており、温度によって白金の電気抵抗が変化することを利用して温度を測定します。

温度・湿度計

日照時間（約840ヵ所）

　日照時間とは直射日光が地表を照らした時間のことで、直達日射量（注2）が0.12kW／㎡以上の時間を0.1時間単位で表します。直達日射量が0.12kW／㎡とは、雲がない状態での日の出のしばらく後、日没のしばらく前の明るさです。「10時の日照時間」とは、9時から10時までの間に観測された日照時間をさします。

　観測は回転式日照計でおこないます。

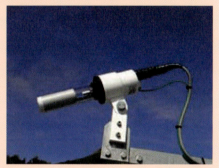

回転式日照計

積雪の深さ（約310ヵ所）

　積もっている雪の地面からの高さを1cm単位で表します。雪の多い地域のみで、1時間ごとに観測します。

　観測は超音波式積雪計でおこないます。超音波を下向きに発射し、雪面で反射された超音波が帰ってくる時間から積雪を測定しています。

超音波式積雪計

（注1）北、北北東、北東、東北東、東、東南東、南東、南南東、南、南南西、南西、西南西、西、西北西、北西、北北西
（注2）太陽からの日射は、大気中で散乱、反射されることなく太陽面から直接地上に到達する「直達日射」と、大気中や雲などに反射、散乱されて届く日射があり、全ての日射をあわせて全天日射といいます。

【豆知識】温度計の中にはファンがついていて空気を循環させ、日射による影響を受けないようにしている。

気象衛星画像

日本が打ち上げている静止気象衛星「ひまわり」は東経140度の赤道上空の高度約3万5800kmに静止し、30分ごとに観測した画像を地上に送ってきます。

気象衛星とは

　気象衛星は、地球で反射された太陽光を写す可視光線用のカメラや、夜間でも観測できる赤外線カメラ、水蒸気を観測するカメラなどを備えています。雲の様子を観測するほか、海水などの分布や海面、地面の温度などを観測します。

　衛星軌道の違いにより、大別して静止衛星と極軌道衛星に分けられます。静止衛星は、高度約3万6000kmの赤道上を、地球の自転周期と同じ速度で周回し、極軌道衛星は、北極と南極の上空を通過しながら高度約850kmを周回しています。

気象衛星画像の種類

　ひまわりから送られている画像には、「赤外画像」「可視画像」「水蒸気画像」の3種類があります。この違いはセンサーの波長の違いによるもので、これらを組み合わせて利用する事で雲の様子をより詳しく把握することができます。

赤外画像

　赤外画像は雲そのものではなく、地球の表面温度を観測しています。雲のない所では地表面の温度を測ることになりますが、雲のある所は雲頂（雲の最も高い所）の温度を測ります。雲頂の温度は地表面の温度より低いため、温度が低い部分を白く、高い部分を黒く表現することで、結果的に白くうつる部分は雲を表すことになります。

　地球の表面温度を観測しているため昼夜問わず観測ができ、一日の雲の動きを見るのに適しています。テレビやインターネット、新聞などで目にする衛星画像のほとんどが赤外画像です。

【豆知識】日照計には太陽追尾式、回転式、太陽電池式があり、アメダスでは回転式と太陽電池式が使われている。

可視画像

「可視」という言葉の通り、カメラによる写真撮影同様、実際に目で見た通り

の雲を観測しています。最も解像度が高いため、積乱雲の形状や筋状の雲、霧の様子などもはっきりと見ることができ、赤外画像よりも雲の様子を詳細に捉えることができます。雲の厚い部分ほど白くうつりますが、太陽の光の弱い朝夕は淡くうつり、夜は真っ暗で何も見えなくなるため、一日の雲の動きを追うことができません。

水蒸気画像

赤外画像の一種です。大気中にある赤外線のうち、水蒸気に吸収される性質を

持った波長帯を観測したものです。日本の位置する中緯度帯では夏と冬で水蒸気の量が大きく異なるため、画像の見え方も季節によって異なるものの、天気の変化を作り出す「水蒸気」の動きを見ることができます。水蒸気画像では、水蒸気の多い所が白く、少ない部分が黒く表現されるため、実際の雲とは一致しませんが、大雨の目安や空気の乾燥度合などを知ることができます。

画像による雲の種類の判別

白く映っている部分ほど雨を降らせる雲と思いがちですが、赤外画像と可視画像が映し出す雲の性質の違いをもとに雲の種類を判断する必要があります。

夏の積乱雲や台風の雲は非常に厚みがあり、雲頂高度も高いため、赤外画像、可視画像いずれの画像でも真っ白に見えます。

一方、上層の薄い雲は赤外画像では白く映りますが、可視画像ではうっすらとしか写りません。また、下層にある厚みのある雲は、赤外画像ではうっすらと写り、可視画像では白く見えます。このような雲の代表である層積雲や乱層雲は雨を降らせることもあり、赤外画像、可視画像を両方うまく組み合わせて雲の種類や降水の有無を判断する必要があります。

	白　明灰　灰　暗灰　黒
赤外画像	雲頂温度が低い ⟷ 雲頂温度が高い
可視画像	雲が厚い ⟷ 雲が薄い
水蒸気画像	大気が湿潤 ⟷ 大気が乾燥

【豆知識】赤外画像で海面温度が、可視画像で流氷が観測できる。

天気図

新聞やテレビでよく目にする天気図ですが、実はいくつか種類があります。使われている記号や読み方を知ることで、より理解しやすくなります。

天気図とは

　天気図とは、気圧の同じ値（等圧）を線で結び、高気圧と低気圧の位置を示し、天気や気温、風向風速、前線記号などを付け加えたものです。天気図を見る上で最も重要なのは気圧の分布であることから別名「気圧配置図」とも呼ばれ、この天気図をもとに現在の気象状況を把握し、その先の天気を予測することができます。

　気圧とは空気の重さによって生じる圧力のことで、気圧と天気の関係は次のように説明できます。空気の重い部分は気圧が高くなり、空気の軽い部分は気圧が低くなります。水が高い所から低い所へ流れるように、空気も気圧の高い部分から低い部分へと移動するため、低気圧の中心には周囲から空気が吹き込み、行き場のなくなった空気が上昇して上空で冷やされ、雲を作って雨を降らせます。一方、高気圧の中心からは周囲に向かって風が吹き出し、空気の少なくなった部分に上空から空気が下降して雲が消え、晴天となります。

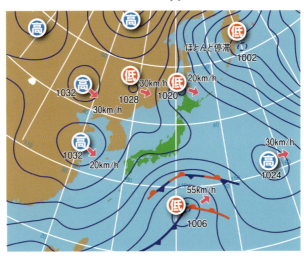

32　【豆知識】地上天気図で、天気の崩れを知るコツは、気圧配置と前線の位置や動きをチェックすることである。

天気図の種類

高層天気図

上空の特定の高さを扱う専門的な天気図です。

500hPa 高層天気図

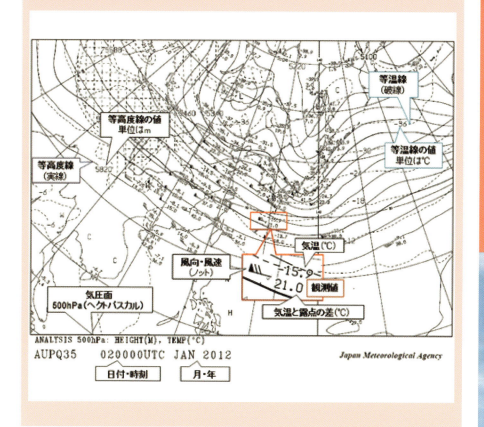

地上天気図

　地上付近を扱う天気図。私たちが普段目にするのは地上天気図です。

　地上天気図にも「過去天気図」「実況天気図」「予想天気図」があり、さらに各地点の天気を記した「新聞天気図」などがあります。テレビや新聞で目にする天気図は、気象庁から送られてきた天気図を簡略化したものですが、本書ではそれらの元となる気象庁の天気図を使って説明していきます。

【豆知識】高層天気図の風速の単位はノット（kt）が使われる。これは国際基準で、1ktは約0.5m/sである。

天気図に必要な記号

天気図を見る上でまず大切なのは、天気図記号や天気記号を知っておくことです。その場所の天気や風力、気温、気圧がわかります。

 ## 天気記号

主要地点には、その地点の天気を表す天気記号と、風の向きや強さを表す矢羽根が描かれています。天気は○の中に描かれ、風の吹いてくる方向に向かって矢羽根がのびています。

天気記号（21種類）

天気記号	天気	状態
○	快晴	雲量0～1
⦶	晴	雲量2～8
◎	くもり	雲量9～10
●キ	霧雨	層状の雲から降る
●	雨	濃い層雲から降る
●ッ	雨強し	時間雨量15mm以上
●ニ	にわか雨	対流性の雲から降る
⦿	雪（みぞれ）	雨と雪が同時に降る
✲	雪	層状の雲から降る
✲ッ	雪強し	時間降水量3mm以上
✲ニ	にわか雪	対流性の雲から降る

天気記号	天気	状態
⊙	霧	水平視程1km未満
△	霰（あられ）	氷の小粒直径約2～5mm
▲	雹（ひょう）	氷の小粒直径約5～50mm
⊖	雷	雷鳴と雷光
⊖ッ	雷強し	強雷電
∞	煙霧（えんむ）	水平視程2km未満
Ⓢ	塵煙霧（ちりえんむ）	ちりや砂が浮遊
Ⓢ	砂塵嵐（さじんあらし）	雨ちり、砂を吹き上げる
⊕	地吹雪（じふぶき）	積雪を吹き上げる
⊗	天気不明	天気が不明

【豆知識】天気記号には、世界で統一された「国際式記号」と、簡略化された「日本式記号」があり、日本では一般的に日本式記号を用いている。

風力記号（13種類）

風力	記号	地上10mにおける相当風速（m/s）（同-kt）
0		0.0〜0.3未満　（1kt未満）
1		0.3〜1.6未満　（1〜4kt未満）
2		1.6〜3.4未満　（4〜7kt未満）
3		3.4〜5.5未満　（7〜11kt未満）
4		5.5〜8.0未満　（11〜17kt未満）
5		8.0〜10.8未満　（17〜22kt未満）
6		10.8〜13.9未満　（22〜28kt未満）
7		13.9〜17.2未満　（28〜34kt未満）
8		17.2〜20.8未満　（34〜41kt未満）
9		20.8〜24.5未満　（41〜48kt未満）
10		24.5〜28.5未満　（48〜56kt未満）
11		28.5〜32.7未満　（56〜64kt未満）
12		32.7以上　（64kt以上）

等圧線

　気圧の同じ場所を線で結んだものを等圧線といいます。単位はhPa（ヘクトパスカル）で、4hPaごとに線を引きます（破線は2hPaの等圧線）。

　地図上で、斜面が急なほど等高線が混み合うように、等圧線も気圧の傾きが急なほど混み合います。一般に、低気圧や台風の中心付近は等圧線が混み合い、高気圧周辺は等圧線の幅が広くなります。

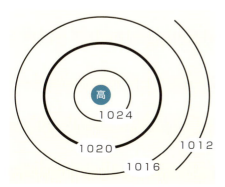
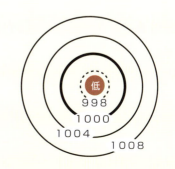

【豆知識】hPaは気圧の単位でヘクトパスカルと読む。1気圧は1013hPaで1cm平方あたり約1kgの重さである。

前線

寒気と暖気の境界を示す線を前線といい、前線を境にして天気や気温が変化します。前線には温暖前線、寒冷前線、停滞前線、閉塞前線の4種類があります。

温暖前線

低気圧の東から南東にのびる前線です。暖気団が寒気団より優勢なときに、寒気団の上を暖気団がはい上がって雲を発生させます。

温暖前線からの距離が1000km以上離れた進行方向上空に巻雲が表れ、前線に近づくにつれて雲が低くなり、前線から300km以内で雨や雪が連続的に降ります。

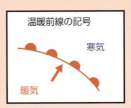

寒冷前線

低気圧の北～西にのびる前線です。寒気団が暖気団より優勢なときに、寒気団が暖気団の下にもぐりこんで雲を発生させます。

温暖前線より雲の出る幅は狭いものの、寒冷前線の通過時は短時間に強い雨が断続的に降ります。また、風向の急変、突風、雷、気温の急降下を伴うこともあります。

西側にはほとんど雲がなく、前線が通過すると天気は急に回復します。

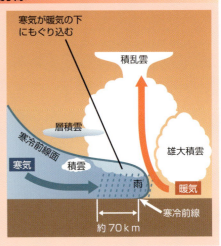

36 【豆知識】前線の境目に雲ができやすいため、雲の位置から前線の位置がわかることがある。

停滞前線

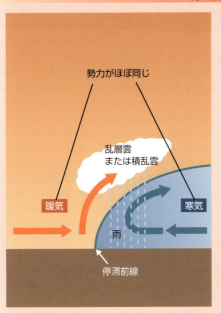

暖気団と寒気団の勢力がほぼ等しいとき、東西にのびる前線です。名前の通りあまり動かず、長い間雨を降らせます。前線の南側が暖かい空気、北側が冷たい空気で、代表的なものに梅雨前線や秋雨前線があります。

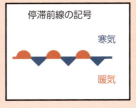

閉塞前線

寒冷前線が温暖前線に追いついたときにできる前線です。低気圧が発達し最盛期を迎えた状態であり、この周辺では強い雨が降ります。

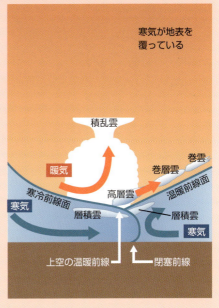

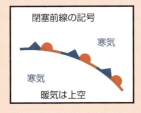

第1章 気象と天気図を理解する【基礎知識編】

【豆知識】日本は熱帯からの暖かい空気と高緯度からの冷たい空気とちょうどぶつかる位置にあり、前線ができやすい。

37

高気圧・低気圧

気圧が周囲よりも高いところを「高気圧」といい、低いところを「低気圧」といいます。高気圧・低気圧それぞれにいくつかの種類があります。

高気圧

　高気圧は"1020hPa以上"など、ある特定の気圧以上の場所をさすわけではなく、周囲と比べて気圧の高い所をいいます。

　高気圧の中心部では下降気流となっており、地表付近では周囲に向かって空気が発散していきます。

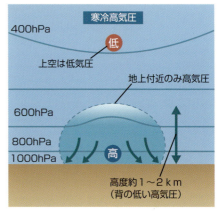

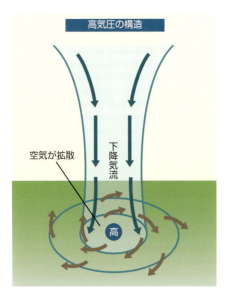

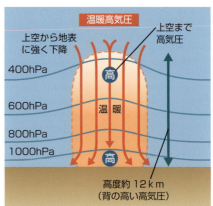

　高気圧には2種類あります。
　冷たい地上に冷えた空気が溜まることで生まれる寒冷高気圧と、上空の空気が地上へ下降することで生まれる温暖高気圧の2種類です。

　寒冷高気圧は「背の低い高気圧」、温暖高気圧は「背の高い高気圧」と呼ばれることもあります。

【豆知識】各気象台で観測された気圧は「現地気圧」と呼ぶ。

低気圧

　低気圧は高気圧同様"1020hPa以下"など、ある特定の気圧以下のものをさすわけではなく、周囲と比べて気圧の低い所をいいます。よって、1020hPaの高気圧もあれば低気圧も存在します。温帯低気圧は一般に前線を伴うことが多く、低気圧の中心部では上昇気流となっており、地表付近では中心に向かって空気が収束します。

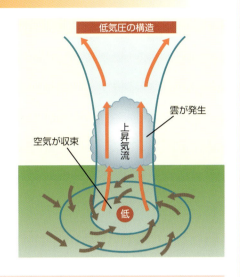

温帯低気圧　前線をもち、等圧線が前線を境に紡錘型になる。

　中緯度で生まれる低気圧を温帯低気圧といいます。暖かい空気と冷たい空気がぶつかることで前線を伴うことが一般的です。温帯低気圧の発生〜消滅までの一生は右の四つのステージに分けられます。

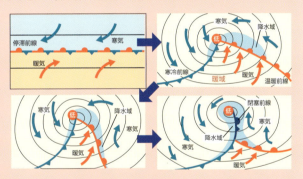

熱帯低気圧　前線はない。等圧線が中心部で密になる。円形。

　熱帯の暖かい海水が蒸発し、水蒸気を多く含んだ上昇気流ができる。これにより低気圧ができ、積乱雲が発達したものが熱帯低気圧です。熱帯低気圧のうち、最大風速が17.2ｍ/s以上に発達したものを台風と呼びます。

寒冷低気圧

　上空の偏西風が低緯度の方へ張り出したまま切り離されると、寒気の渦ができ、寒冷低気圧となります。夏季の雷（雷３日）や、冬季の日本海側に大雪をもたらすことがあります。また、大気の激しい現象が発生しやすくなります。

【豆知識】各地の標高で気圧が異なるので、補正する必要がある。これを「海面更正」という。
10mごとに約1.2hPa加える。

天気図の見方

天気図には専門的な高層天気図から、テレビや新聞などで普段よく目にする地上天気図があります。また、地上天気図にはいくつか種類があります。

地上天気図と新聞天気図

天気図には、地上を扱う「地上天気図」、上空の特定の高さを扱う専門的な「高層天気図」があります。私たちが普段目にするのは地上天気図ですが、その中にも「過去天気図」「実況天気図」「予想天気図」があり、さらに各地点の天気を記した「新聞天気図」があります。

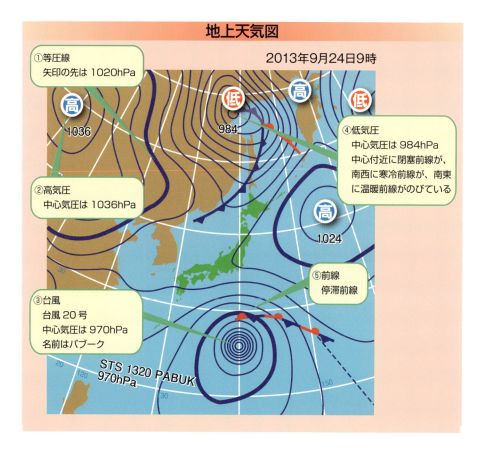

地上天気図　2013年9月24日9時

①等圧線
矢印の先は1020hPa

②高気圧
中心気圧は1036hPa

③台風
台風20号
中心気圧は970hPa
名前はパブーク

④低気圧
中心気圧は984hPa
中心付近に閉塞前線が、南西に寒冷前線が、南東に温暖前線がのびている

⑤前線
停滞前線

40 【豆知識】天気図には他にも船舶関係や航空関係向けのものがある。

新聞天気図

　新聞に掲載されている天気図には、各地点の天気記号、風向・風速、低気圧や高気圧の進行方向などが描かれています。また、最近は気象衛星画像を組み合わせたものも多く、気圧配置と雲との対応が見やすくなっています。

　東京気象台は明治16年（1883年）年3月から天気図の作成を始めていました が、同年5月26日には低気圧の発達を予想し全国の沿岸の地方に対して暴風警報を発表しました。

　この最初の暴風警報の効果について、6月1日付けの「東京横浜毎日新聞」では、文章による警報のとその後の様子が記されました。

新聞天気図　【朝日新聞】2013年9月24日9時

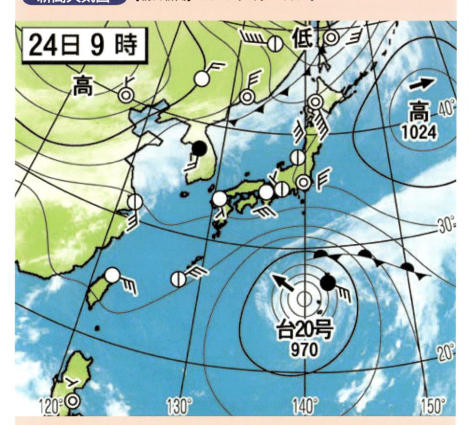

　地上天気図と比べると、天気図に雲の動きを重ねている分、天気の様子が一目でわかりやすくなっています。

【豆知識】ファクシミリ天気図は、現在でも気象会社などで使われている。

気象衛星画像と天気図

天気図と気象衛星画像を組み合わせることで、実際の天気を具体的に把握することができます。

気象衛星画像と天気図

　天気図を見ると、日本の南海上を低気圧が北東進しており、その北側に停滞前線があります。この低気圧と停滞前線に対応する雲が赤外画像に白くはっきりと写っており、停滞前線の雲の一部が関東の太平洋側にかかっています。実際、15時のアメダスを見てみると房総半島に降水が見られます。

　また、赤外画像で中国大陸沿岸が白いのは雲があるからではなく、地表温度が低いためです。また、可視画像の右が黒くなっているのは、太陽が西に傾いて太陽光線が弱くなっていることを表しています。

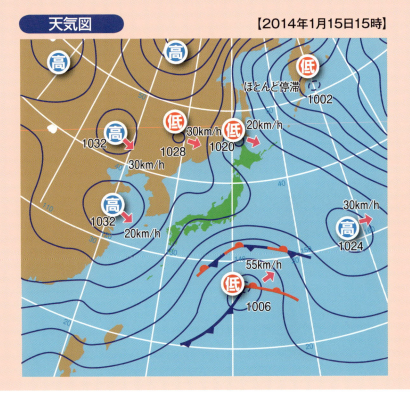

【2014年1月15日15時】

【豆知識】1820年にドイツのブランデスによって世界で最初の天気図がかかれた。

気象衛星図

【2014年1月15日15時】
アメダス降水分布図

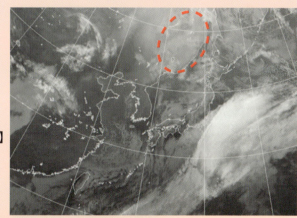

【2014年1月15日15時】
赤外画像
（点線部分は、地表温度が低いため、白く写っている）

【2014年1月15日15時】
可視画像

【豆知識】気象衛星はいつも地球を見つめているので、太陽に向けて花を咲かせる「ひまわり」と名づけられた。

台風のしくみ

熱帯地方で発生する「熱帯低気圧」のうち、最大風速が 17.2m/s 以上になったものを「台風」と呼びます。

台風のしくみ

　強い風が中心に向かって時計と反対回りに渦を巻きながら流れ込みます。中心の近くまでくると強い上昇気流となって、積乱雲を発達させます。このようにして、台風の中心を取り囲むように背の高い積乱雲が壁のように並びます。

　一方、気象衛星画像でもわかるように、中心付近は雲のない領域になっています。これが台風の目です。無風状態で雲もありません。しかし、台風の中心が過ぎるとまた激しい風雨を伴うので注意が必要です。

【2011年9月1日 午前9時】

台風の断面図

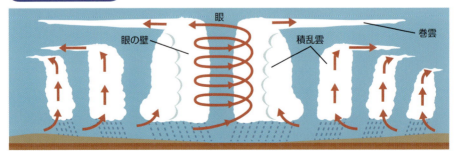

44 【豆知識】台風は低緯度で発生した熱を高緯度に運ぶ役割を果たし、地球のエネルギーのバランスを取っている。

台風とハリケーン

東経180度より西の北太平洋や南シナ海で発生した熱帯低気圧のうち、最大風速が17.2m/s以上になったものを台風と呼びます。一方、東経180度より東の太平洋、大西洋で発生した熱帯低気圧のうち、最大風速が32.7m/s以上になったものをハリケーンと呼びます。

台風の大きさと強さ

気象庁では台風のおおよその勢力を示す目安として、最大風速をもとに台風の強さを、風速15m/s以上の半径をもとに台風の大きさを表現しています。

強さの階級分け	
階級	最大風速
強い	33m/s（64ノット）以上～44m/s（85ノット）未満
非常に強い	44m/s（85ノット）以上～54m/s（105ノット）未満
猛烈な	54m/s（105ノ

大きさの階級分け	
階級	風速15m/s以上の半径
大型（大きい）	500km以上～800km未満
超大型（非常に大きい）	800km以上

【豆知識】国際分類でいう「タイフーン」は、日本基準の「台風」と定義が異なり、日本の「強い台風」～「猛烈な台風」という表現で示される台風にあたる。

気団

表面の状態が一様な広い海洋や大陸の上では、広い範囲に同じような性質の空気のかたまりができます。これを気団と呼びます。

 ## 気団

気団は空気が長く停滞する地形的に平坦な場所で形成されます。平野や海上などです。冷たい場所に長く停滞した空気は冷たい気団になり、海上に長く停滞した気団は水蒸気を含むため、湿った気団になります。

陸や海の場所の特徴によって、様々な気団が形成されます。温度の差によって、赤道気団、熱帯気団、寒帯気団、極気団ができます。一方、湿度の違いによって、海洋性気団と大陸性気団に分類されます。海洋性気団は水蒸気をたくさん含み、大陸性気団は乾燥しているのが特徴です。

日本の周囲には性質の異なる気団があり、1年のうちでもそれぞれが勢力を強めたり、弱めたりします。そのために季節ごとの特徴があるといえます。

四季をつくる気団

春・秋	シベリア気団と小笠原気団が交替する季節です。そのため、移動性高気圧と共に暖かく乾燥した揚子江気団がやってきたり、冷たく湿ったオホーツク海気団が滞在したりします。これによって、天気が変わりやすくなります。
夏	太平洋の上でできた小笠原気団に覆われ、高温多湿になります。また、台風と一緒に赤道気団がやってきて豪雨をもたらすこともあります。
冬	シベリア気団の勢力が強まり、北西の風によって日本へとやってきます。もともとのシベリア気団は冷たく乾燥していますが、日本海を渡ることで、暖かい対馬海流の影響を受け、大量の水蒸気を含みます。日本へ来たときには、冷たく湿った気流になっています。

46 【豆知識】日本の天気は偏西風に影響されるため、西から東へと変わっていく。

【豆知識】水平の広がりが1000km以上に及ぶ気温や水蒸気量がほとんど同じ空気のかたまりを気団という。

天気予報用語

天気予報といっても、利用目的や地域区分、予報期間など、様々な種類に分けることができます。また、普段何気なく耳にしている用語にも定義があります。

 ## 天気予報の種類

天気予報のうち短期予報とは、予報発表時から明日または明後日までの風、天気、気温、降水確率などを予報したものです。天気予報には短気予報のほかに以下のようなものがあります。

週間天気予報	発表日翌日から7日先までの天気、気温などの予報。7日間の概要を簡潔に伝える全般週間天気予報、地方週間天気予報と、日ごとの予想を伝える府県週間天気予報とがある。	
	備考	略称は「週間予報」。
府県週間天気予報	府県予報区を対象とした週間天気予報。	
	備考	発表日翌日から7日先までの各府県予報区の日ごとの天気、降水確率、気温及び予報の信頼度をカテゴリー別に、または量的に伝えている。
地方週間天気予報	地方予報区を対象とした週間天気予報。	
	備考	発表日翌日から7日先までの各地方予報区の気圧系、天気、気温、降水量などの概要を簡潔に伝えている。
全般週間天気予報	全国予報区を対象とした週間天気予報。	
	備考	発表日翌日から7日先までの全国的な気圧系、天気、気温などの概要を簡潔に伝えている。
季節予報	1ヵ月、3ヵ月および暖候期、寒候期の気温、降水量などの概括的な予報および異常天候早期警戒情報。	
1ヵ月予報	翌週から向こう1ヵ月の気温、降水量などの総括的な予報。	
3ヵ月予報	翌月から向こう3ヵ月の気温、降水量などの総括的な予報。	
暖候期予報	3月から8月までの気温、降水量などの総括的な予報。	
寒候期予報	10月から翌年2月までの気温、降水量などの総括的な予報。	

「一時」「時々」「のち」

天気予報で使われている言葉で「一時」「時々」「のち」という言葉があります。では、具体的にどのくらいの時間を指しているのでしょう。どういう違いなのかをまとめたのが下の表になります。

晴れ一時雨	24時間のうちで1/4未満、つまり最長で6時間未満、雨が降り続ける状態。
晴れ時々雨	24時間のうちで雨が降っている時間の合計が1/4以上1/2未満のこと。6時間以上12時間未満、合計なので、断続的ではなく、降ったりやんだりする状態。
晴れのち雨	時間の長さにかかわらず、その日の中の前と後で天気が変化する状態。

48 【豆知識】方位は16あり、2文字や3文字で表された方位は音読で読む。

時間帯

0時から12時までを「午前中」、12時から24時までを午後というほか、0時から24時までを3時間ごとに分け、それぞれを「未明」「明け方」「朝」「昼前」「昼過ぎ」「夕方」「夜のはじめ頃」「夜遅く」といいます。また「日中」とは9時頃から18時頃までをいい、18時頃から24時までを「夜」といいます。

天気を表す用語

「天気」とは気温、湿度、風、雲量、視程、雨、雪、雷などの気象に関係する要素を総合した大気の状態のことです。

気象庁では国内用として、次の15種類に分けていますが、国際的には96種類が決められています。

雷	ひょう	あられ	雪	みぞれ	雨	霧雨	霧	地ふぶき	砂じん嵐	煙霧	曇り	薄曇り	晴れ	快晴

場所を表す用語

海上	「陸上」に相対する用語で、一般には海面から上をいう。風、視程、天気などの現象を述べるときに用いる。		
海岸(地方)	陸と海の相接する地帯。		
沿岸(部)	海岸線の両側のある広さを持った地域と水域。		
沿岸の海域	海岸線からおおむね20海里(約37km)以内の水域。		
沖	海などで岸から遠く離れたところ。海の場合「沿岸の海域」とその外側を含めた水域のうち、陸地の影響の少なくなった水域に用いる。沖合も同義。		
内陸	海岸(地方)に対して、海から遠く離れた地帯。「沿岸(部)」を除く。		
	平野部	起伏の極めて少ない地帯。盆地を除く	
	山岳部	平野部に対して山地の部分。	
	山地	山の多いところ。「平地」に相対する用語。	
	山沿い	山に沿った地域。平野から山に移る地帯。	
山間部	山と山の間の地域。全般に 「全国的に」、「広い範囲」など、広い地域を対象とするときに用いる。		
局地的	(府県予報区の)細分区域内のごく限られた範囲。		

【豆知識】テレビで天気予報を開始したのは1953年である。

第1章 気象と天気図を理解する 【基礎知識編】

「快晴」「晴れ」「曇り」の定義

空全体を目で見たときの雲の量によって「快晴」「晴れ」「曇り」の3種類に分けられます。

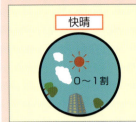
快晴 0〜1割
空の全方位で、雲の量が0〜1割以下をいう

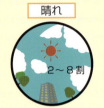
晴れ 2〜8割
雲の量が空全体の2〜8割のとき

曇り 9〜10割
雲が空の9〜10割を覆っているとき

降水量の定義

降水量は「何mmの雨」と予報では表現されます。これは、雨が一定時間の中で地面に溜まった単位面積当たりの深さのことです。気象庁で発表されるのは、1時間あたりの雨量です。

「やや強い雨」から「猛烈な雨」までの5段階に分けられています。数値だけでは予報としてわかりにくいので、感覚的にわかりやすいような雨の強さを表す用語も決められています。

予報用語	1時間雨量 (mm)	影響
やや強い雨	10以上 20未満	歩いていると地面からの跳ね返りで足元がぬれる 長く続くときは注意が必要
強い雨	20以上 30未満	傘をさしていてもぬれる 側溝や下水があふれる 小規模のがけ崩れが起こる
激しい雨	30以上 50未満	傘をさしていてもぬれる 道路が川のようになる 下水管から雨水があふれる 山崩れやがけ崩れが起こる
非常に激しい雨	50以上 80未満	傘は全く役に立たなくなる 地下室や地下街に雨水が流れ込む可能性がある 土石流が起こりやすい
猛烈な雨	80以上	傘は全く役に立たなくなる 恐怖を感じる 大規模な災害が起こる恐れがある 厳重な警戒が必要

【豆知識】雪などの固形物の降水量を測る場合は、溶かして計測する。

風の強さの定義

風の強さを表すときには、「風速」と「瞬間風速」があります。「風速」は 10 分間計測したときの風速の平均値を表し、「瞬間風速」は瞬間的な観測値です。どちらも m/s（メートル毎秒）で表現します。

他にも気象庁が定めた「気象庁風力階級」という目安があります。数値だけではわかりにくいので、「やや強い風」などの表現で、4 段階に分け、速さの目安や周囲への影響などが示されています。

予報用語	平均風速	影響
やや強い風	10 以上 15 未満	風に向かって歩きにくくなる
		樹木全体が揺れる
		電線が鳴る
		取り付けの不完全な看板などが飛ぶ
強い風	15 以上 20 未満	風に向かって歩けない
		転倒する人も出る
		小枝が折れる
		ビニールハウスが壊れ始める
非常に強い風	20 以上 25 未満	しっかりと身体を確保しないと転倒する
		小枝が折れる
		鋼製シャッターが壊れ始める
		風で飛ばされたもので窓ガラスが割れる
	25 以上 30 未満	立っていられない
		屋外での行動は危険
		樹木が根こそぎ倒れ始める
		ブロック塀が壊れる
		取り付けの不完全な屋外外装材が飛び始める
猛烈な風	30 以上	立っていられない
		屋外での行動は危険
		樹木が根こそぎ倒れ始める
		屋根が飛ばされる
		木造住宅の全壊が始まる

【豆知識】気象庁風力階級は、風速（メートル毎秒やノット）の大きさで影響を受ける陸上の状況を13段階に分けたビューフォート風力階級を元にしている。

台風の進路予報図の見方

　気象庁は台風の現在の位置と進路の予報を発表します。

　台風の予報の内容は、3日（72時間）先までの各予報時刻の台風の中心位置（予報円）、中心気圧、最大風速、最大瞬間風速、暴風警戒域です。破線の円は予報円で、台風の中心が到達すると予想される範囲を示しています。予報円の中心を結んだ黒色の点線は、台風が進む可能性の高いコースを示します。予報円の外側を囲む赤色の実線は暴風警戒域で、台風の中心が予報円内に進んだ場合に3日（72時間）先までに暴風域に入るおそれのある範囲全体を示しています。

　なお、台風の動きが遅い場合には、12時間先の予報を省略することがあります。また、暴風域や暴風警戒域のない台風の場合には、予報円と強風域のみの表示になります。

　また、進路予報については、精度は上がってきており、70％の確率で台風の中心が動く位置を、2009年からは5日先まで発表しています。

台風の進路予報図の一例
2007年8月1日15時（台風第5号）

52　【豆知識】現在は70％の確率で台風の中心が到達すると予想される範囲を予報円で示している。

予報に使われる「3階級」

　天候に関する実況や予報について表現するときに、気温や降水量などを「低い（少ない）」「平年並」「高い（多い）」の3階級で示すことがあります。

　この3つの階級に分ける区分値は、30年間の観測値（夏の平均気温など）を小さい順に並べて、小さい方から10番目まで（全体の33%）が「低い（少ない）」、11～20番目（同33%）が「平年並」、それ以上を「高い（多い）」としています。つまり、各階級の出現率が等しく33%（10年）となるように決めています。現在の区分値は1981年から2010年までの30年間の資料で作成した値で、区分値は10年ごとに更新しています。なお、この区分の具体的な値は当然のことながら、地域により、また夏と冬でも異なります。「冷夏」や「暖冬」は、これらの階級を用いた表現です。「冷夏」とは、夏（6～8月）の平均気温が3階級表現で「低い」場合、「暖冬」とは、冬（12～2月）の平均気温が「高い」場合を指しています。また、これらの反対は、「暑夏」と「寒冬」と呼ばれています。

注意報・警報

　強風や大雨、大雪、高潮などの気象現象によって、災害が発生するおそれがある場合には「注意報」が、さらに重大な災害のおそれがある場合には「警報」が発表されます。

　各気象台では、その地域の過去の気象状況と災害との関係を調査し、災害につながる気象の強さの目安となる「注意報基準」、「警報基準」を作成しています。

特別警報	予想される現象が特に異常であるため重大な災害の起こるおそれが著しく大きい場合に、その旨を示しておこなう警報。 大雨、暴風、暴風雪、大雪、波浪、高潮がある。
警　　報	重大な災害の起こるおそれのある旨を警告しておこなう予報。 大雨、洪水、暴風、暴風雪、大雪、波浪、高潮がある。
注意報	災害が起るおそれがある場合にその旨を注意しておこなう予報。 大雨、洪水、強風、風雪、大雪、波浪、高潮、雷、融雪、濃霧、乾燥、なだれ、低温、霜、着氷、着雪がある。

【豆知識】大雪に関する注意報・警報は地域によって基準が異なっている。

COLUMN ❶　ナウキャストの使い方

気象庁では防災情報として「ナウキャスト」を発表しています。「降水」「雷」「竜巻」の三種類です。

降水短時間予報・降水ナウキャスト・高解像度降水ナウキャスト	降水短時間予報や降水ナウキャストは、過去の降水域の動きと現在の降水の分布を基に、目先1〜6時間までの降水の分布を1km四方の細かさで予測するものです。 降水短時間予報は、解析雨量と同じく30分間隔で発表され、6時間先までの各1時間降水量を予報します。例えば、9時の予報では15時までの、9時30分の予報では15時30分までの、各1時間降水量を予測します。 降水ナウキャストは、より迅速な情報として更に短い5分間隔で発表され、1時間先までの5分ごとの降水の強さを予報します。例えば、9時25分の予報では10時25分までの5分ごとの降水の強さを予測します。 高解像度降水ナウキャストは、降水ナウキャストに国土交通省のXバンドレーダの情報を加味して高解像度化したもので、250m解像度の降水分布を30分先まで予測します。
雷ナウキャスト	雷ナウキャストは、雷の激しさや雷の可能性を1km格子単位で解析し、その1時間後（10分〜60分先）まで予測するもので、10分ごとに更新して提供します。 雷の解析は、雷監視システムによる雷放電の検知及びレーダー観測などを基にして活動度1〜4で表します。予測については、雷雲の移動方向に移動させるとともに、雷雲の盛衰の傾向も考慮しています。 雷ナウキャストでは、雷監視システムによる雷放電の検知数が多いほど激しい雷（活動度が高い：2〜4）としています。雷放電を検知していない場合でも、雨雲の特徴から雷雲を解析（活動度2）するとともに、雷雲が発達する可能性のある領域も解析（活動度1）します。
竜巻発生確度ナウキャスト	竜巻発生確度ナウキャストは、竜巻の発生確度を10km格子単位で解析し、その1時間後（10〜60分先）まで予測するもので、10分ごとに更新して提供します。 竜巻などの突風は、規模が小さく、レーダーなどの観測機器で直接実体を捉えることができません。 そこで、竜巻発生確度ナウキャストでは、気象ドップラーレーダーなどから「竜巻が今にも発生する（または発生している）可能性の程度」を推定し、これを発生確度という用語で表します。 竜巻発生確度ナウキャストは、分布図形式の情報として防災機関等に提供するほか、気象庁ホームページでも提供します。また、民間事業者による携帯コンテンツサービスも準備されており、屋外活動での利用も可能になります。

第2章

天気図の書き方

天気図の書き方

　今のようにインターネットや携帯電話、スマートフォンが普及していなかった頃、山や海で天気図を入手するには気象通報を聞いて自分で作成するしか手段がありませんでした。そのため、小学校の理科の授業では気象通報を聞いて天気図を書く授業もありましたが、昨今は天気図の書き方を学ぶ機会自体がなかなかありません。

　しかし、自分で天気図を書くことによって天気の変化をより身近に感じ、天気の予想もできるようになってきます。慣れるまでは大変かもしれませんが、天気図を身近に感じられるようになるために、是非何枚も書いてコツをつかんで下さい。最後に、漁業気象通報の原稿と、それを元に作成した地上天気図を載せています。

準備するもの

ラジオ

漁業気象通報はNHK第2放送で放送されます。

天気図用紙

　天気図用紙には2種類あり、いずれも大きさはB4判の50枚つづりで、書店で購入することができます。

ラジオ用天気図用紙第1号（初心者向け）：左側に各地の天気、船舶からの方向、漁業気象などの記入欄があり、天気記号、風力階級などの記号の説明があります。右側が天気図になっており、左側を見ながら天気図を作成することができます。

ラジオ用天気図用紙第2号（上級者向け）：第1号と違って左側に記入欄がなく、その分範囲が広くなっています。気象通報を聞きながら直接記入していく必要があります。

鉛筆（シャープペンシル）

基本的に黒鉛筆のみで十分ですが、前線や高気圧・低気圧を色鉛筆で書く場合もあります。

赤鉛筆	青鉛筆	紫鉛筆
温暖前線 高気圧	寒冷前線・低気圧 台風・熱帯低気圧	閉塞前線
停滞前線		

56　【豆知識】天気図用紙は大きな書店、登山用品店、インターネットの書店などで購入できる。

気象通報

　天気図を書くための気象通報（漁業気象通報）は、NHK第2放送で1日1回、16時から20分間放送されます。内容は「各地の天気」「船舶の報告」「漁業気象（全般海上警報の範囲内の台風、高気圧、低気圧、前線などの実況及び予想）」となっています。

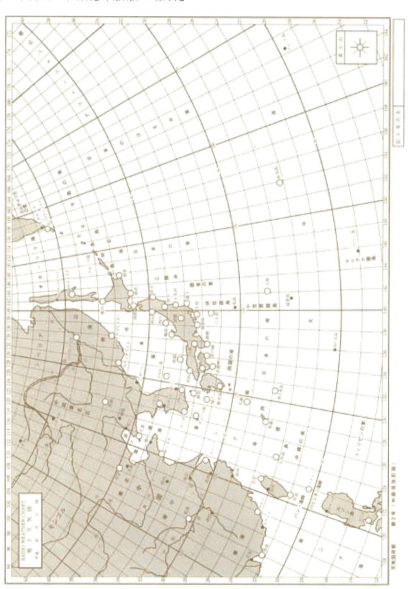

第2章　天気図の書き方

【豆知識】気象通報は、ラジオ放送のほか、無線電話やテレホンサービス、インターネット等でも、提供されている。

書き方

　天気図に慣れるためには、最初はラジオ用天気図用紙第1号を使います。左側の記入欄に放送内容を記入したら
　①天気を記入
②高気圧、低気圧を記入
③前線を記入
④等圧線の記入
の順に仕上げていきます。

 ## 気象通報放送原稿

漁業通報　2013年11月25日正午

気象庁予報部発表の11月25日正午の気象通報です。
初めに今日正午の各地の天気は

石垣島	北北東	風力 5	くもり	15hPa	20度
那覇	北	風力 5	雨	14hPa	19度
南大東島	南	風力 5	くもり	09hPa	25度
名瀬	北	風力 3	にわか雨	13hPa	18度
鹿児島	北北西	風力 2	くもり	10hPa	16度
福江	西北西	風力 3	くもり	11hPa	15度
厳原	南西	風力 4	くもり	08hPa	14度
足摺岬	西	風力 5	くもり	05hPa	18度
室戸岬	南	風力 3	くもり	03hPa	17度
松山	西	風力 2	にわか雨	07hPa	14度
浜田	南西	風力 6	くもり	04hPa	15度
西郷	西南西	風力 4	くもり	02hPa	15度
大阪	南東	風力 3	くもり	05hPa	19度
潮岬	南南東	風力 5	雨	08hPa	18度
八丈島	南西	風力 3	くもり	15hPa	18度

【豆知識】風力0の目安は、煙がまっすぐ上がることである。

大　　　島	南	風力　3	くもり	14hPa	16度
御　前　崎	東	風力　4	くもり	13hPa	16度
銚　　　子	南西	風力　3	くもり	14hPa	15度
前　　　橋	北北西	風力　1	くもり	13hPa	12度
小　名　浜	西北西	風力　2	雨	14hPa	11度
輪　　　島	南	風力　5	くもり	02hPa	16度
相　　　川	東南東	風力　3	雨	05hPa	13度
仙　　　台	北	風力　2	くもり	14hPa	9度
宮　　　古	南	風力　3	くもり	14hPa	12度
秋　　　田	東南東	風力　5	くもり	08hPa	13度
函　　　館	南東	風力　6	くもり	09hPa	13度
浦　　　河	東南東	風力　5	くもり	15hPa	10度
根　　　室	南東	風力　4	くもり	20hPa	8度
稚　　　内	南東	風力　3	くもり	13hPa	6度
ポロナイスク	東北東	風力　2	にわか雪	18hPa	- 1度
セベロクリリスク	西	風力　2	にわか雨	19hPa	4度

引き続き今日11月25日正午の天気をお伝えしています。

ハバロフスク	東北東	風力　2	にわか雪	07hPa	- 3度
ルドナヤプリスタニ	東	風力　2	にわか雨	01hPa	6度
ウラジオストク	南南東	風力　5	くもり	983hPa	7度
ソ　ウ　ル	西南西	風力　3	雨	06hPa	5度
ウルルン島	南西	風力　6	晴れ	998hPa	11度
プ　サ　ン	西南西	風力　5	晴れ	06hPa	13度
モ　ッ　ポ	北北西	風力　5	晴れ	12hPa	9度

【豆知識】風向きの記号は風が吹いていく向きではなく、吹いてくる方向を示す。

チェジュ島	西北西	風力 4	晴れ	13hPa	13度
台　　　北	東	風力 3	くもり	18hPa	17度
恒　　　春	北	風力 5	晴れ	12hPa	25度
長　　　春	北西	風力 3	くもり	05hPa	−5度
北　　　京	北北西	風力 2	晴れ	20hPa	6度
大　　　連	北	風力 3	快晴	15hPa	2度
青　　　島	西北西	風力 3	快晴	17hPa	7度
上　　　海	西北西	風力 1	快晴	21hPa	12度
武　　　漢	東南東	風力 1	快晴	23hPa	14度
ア　モ　イ	北北西	風力 1	晴れ	17hPa	20度
香　　　港	北	風力 2	快晴	17hPa	20度
バ　ス　コ	南	風力 2	くもり	11hPa	26度
マ　ニ　ラ	南東	風力 1	晴れ	11hPa	31度
父　　　島	南東	風力 4	晴れ	17hPa	24度
南　鳥　島	入電なし				
富　士　山					−10度

次に今日11月25日正午の船舶の報告をお知らせします。

南シナ海	の	北緯19度	東経119度	北北東	風力6	晴れ	気圧：12hPa
東シナ海	の	北緯27度	東経123度	北	風力6	くもり	気圧：9hPa
フィリピン東方	の	北緯16度	東経131度	東	風力4	くもり	気圧：不明
本州南方	の	北緯27度	東経135度	南南東	風力6	くもり	気圧：不明
本州南方	の	北緯24度	東経137度	南東	風力5	晴れ	気圧：12hPa
鳥島近海	の	北緯31度	東経143度	南	風力4	晴れ	気圧：18hPa
関東南東方	の	北緯30度	東経144度	風向・風力・天気：不明			気圧：19hPa

【豆知識】風速も風向も10分間の平均値で表す。

つづいて漁業気象です。

　日本海の北緯42度、東経132度には982hPaの発達中の低気圧があって、北東へ毎時45キロで進んでいます。中心から閉塞前線が北緯42度、東経134度を通って、北緯40度、東経135度に達し、ここから温暖前線が北緯39度、東経137度を通って、北緯37度、東経139度にのび、寒冷前線が北緯37度、東経134度、北緯34度、東経132度、北緯31度、東経132度を通って、北緯27度東経128度に達しています。中心の南側1900キロ以内と北側560キロ以内では、15から23メートルの強い風が吹いています。

　日本のはるか東の北緯34度、東経169度には、1010hPaの発達中の低気圧があって、東へ30キロで進んでいます。中心の南側1100キロ以内と北側560キロ以内では、今後24時間以内に15から23メートルの強い風が吹く見込みです。
　千島の東の北緯48度、東経169度には、1000hPaの発達中の低気圧があって、東へ30キロで進んでいます。中心から半径750キロの円内では、今後12時間以内に15から18メートルの強い風が吹く見込みです。
　オホーツク海の北緯59度、東経147度には、1014hPaの低気圧があって、北東へ20キロで進んでいます。

　日本の東の北緯44度、東経152度には、1024hPaの高気圧があって、東南東へ30キロで移動しています。
　日本の東の北緯33度、東経152度には、1022hPaの高気圧があって、東南東へ35キロで移動しています。

　日本付近を通る1008hPaの等圧線は、北緯44度、東経139度（50、130）（47、124）（42、124）（33、135）（38、140）を通って、元の北緯44度、東経139度に戻っています。
　また1016hPaの等圧線は、北緯54度、東経164度、
（49、159）（39、164）（27、160）
（24、150）（30、140）（37、143）
（53、136）（51、119）（38、120）
（29、126）（21、114）の各点を通っています。

【豆知識】地上での気圧はほぼ1000hPa程度でこれを基準にしている。

①天気の記入

地点に記入する天気は、次のようになります。
「北北東の風、風力3、雨、1023hPa、16度」の場合

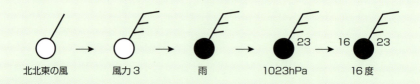

天気

P.34に記載した21種類のうち、読み上げられたものを記入します。

風向

風向とは、風の吹いてくる方向のことで、「南の風」とは南から吹いてくる風のことです。風向は16方位で読みあげられるため、地点円（の中心）と風向を結んだ線上に記入します。また、天気図は北極を中心として扇形に経度が広がっており、北に行くほど経度の間隔は狭くなり、天気図の右端や左端は方角が傾いてきます。風向は、地点の緯度経度に沿って16分割して記入します。

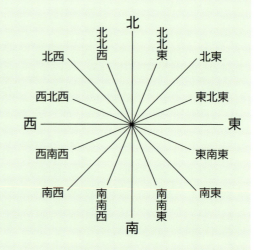

風速

風力6までは、風向の軸から時計回りに、地点円の近くから矢羽根をつけます。風力7以上は風向の軸とは反時計回りに、地点円から離れた位置から矢羽根をつけます。軸と矢羽根の角度は120度に、外側の矢羽根は他の矢羽根の1.5倍位の長さにします。

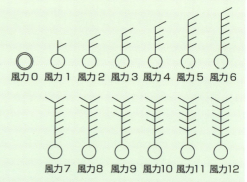

【豆知識】等圧線上では、高気圧は山、低気圧は低地に例えることができる。

第2章 天気図の書き方

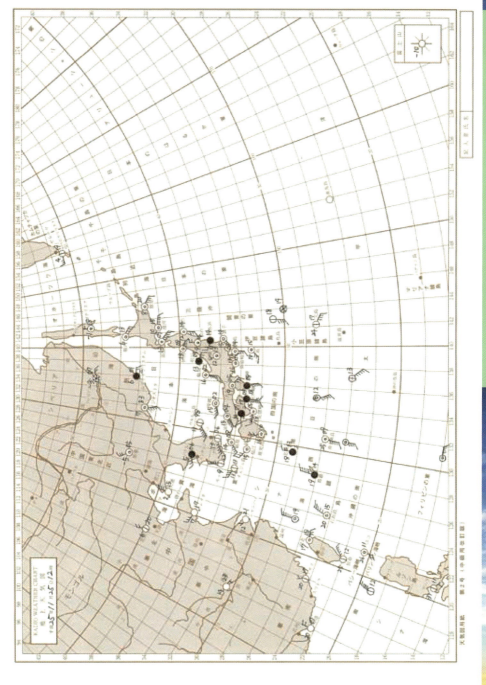

【豆知識】気圧の屋根をリッジ、気圧の谷をトラフとよぶ。 63

②高気圧、低気圧を記入

　高気圧、低気圧は、目標となる地名もしくは海域名、続いて緯度・経度で放送されます。読み上げられた場所に中心を表す×印をつけ、その上に低気圧の場合は「低」もしくは「L（Lowの略）」、高気圧の場合は「高」もしくは「H（Highの略）」、台風の場合は「台」または「T（Typhoonの略）」、熱帯低気圧の場合は「熱」または「TD（Tropical Depressionの略）」を書き、×印の下に中心気圧を記入します。進行方向は風向と同じく16方位で→を書き、矢印の上に進行速度をそのまま書き入れます。停滞している場合は何も記入しないか「st（Stationaryの略）」と書き、ゆっくりの場合は「ゆ」あるいは「sl（slow）」と書きます。

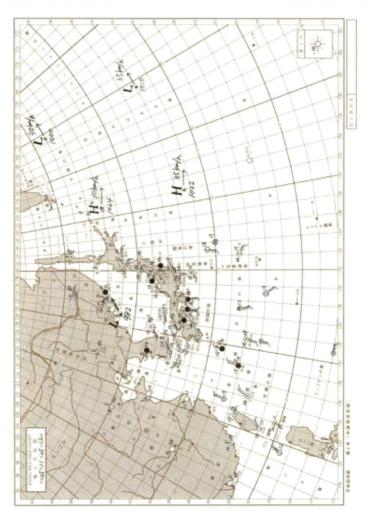

64　【豆知識】風は気圧の高い方から低い方へ吹くので、等圧線を読むと風の流れを知ることができる。

③前線を記入

　前線は、前線の通っているいくつかの点が読み上げられるため、それらの点を結びます。前線は、押し進んでゆく方向になめらかなカーブで凸になるよう描き、温暖前線、寒冷前線、停滞前線、閉塞前線いずれかの記号を進行方向に向けて記入します。

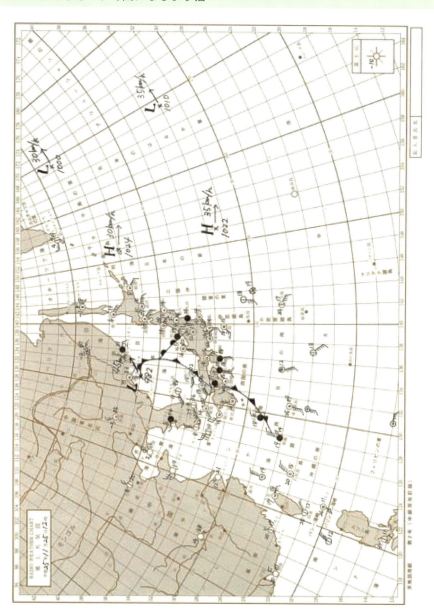

【豆知識】天気図には、国際基準による「国際式天気図」と日本国内用の「日本式天気図」がある。

④等圧線の記入

　漁業気象では最後に 1020hPa の等圧線の通るいくつかの点が読み上げられます。この 1020hPa の等圧線と天気記号の気圧をもとに等圧線を 4hPa ごとに引き、20hPa ごとに太くして 1000、1020 などの値を入れます。等圧線を引くときに注意するのは以下の点です。

Ⅰ
等圧線は連続した線のため、角ばったり、ギザギザしたり、他の等圧線と接したり、等圧線が枝分かれしたり、途中でぶっつり切れるということはない。

Ⅱ
低気圧や高気圧のまわりでは閉じた等圧線を引く。低気圧の場合は中心付近の等圧線の間隔が狭く、等圧線は小さく閉じる。高気圧の中心付近の等圧線は間隔が広い。

Ⅲ
隣り合った等圧線は平行であることが多く、等圧線の間隔が急に広がったり狭くなったりすることはない。

Ⅳ
気圧データのない所では、観測点間を按分する（比例して分ける）。気圧の観測地は四捨五入などで誤差を含んでいる場合もあるため、観測地に従うよりも、なめらかな等圧線を引くことを重視する。

Ⅴ
前線を横切るときは、気圧の低い方に曲がる。

※等圧線と風
　等圧線は気圧の傾きを表した線であり、気圧の傾きが大きいと等圧線の間隔は狭く、気圧の傾きが小さいと等圧線の間隔は広くなります。風は気圧の高い所から低い所に向かって吹くため、気圧の傾きが大きい（＝等圧線の間隔が狭い）所では風が強く吹きます。しかし、風は地球の自転や地表摩擦など、様々な影響を受けるため、気圧の傾きの方向に直角ではなく、右にそれて吹きます（南半球では左にそれる）。風向と等圧線の角度は、陸上では 35 度、海上では 15 〜 20 度位となっており、風向によって等圧線の走る方向を知ることができます。

【豆知識】天気図を用いて国家的に天気予報業を始めたのは19世紀半ばのフランス。

完成天気図

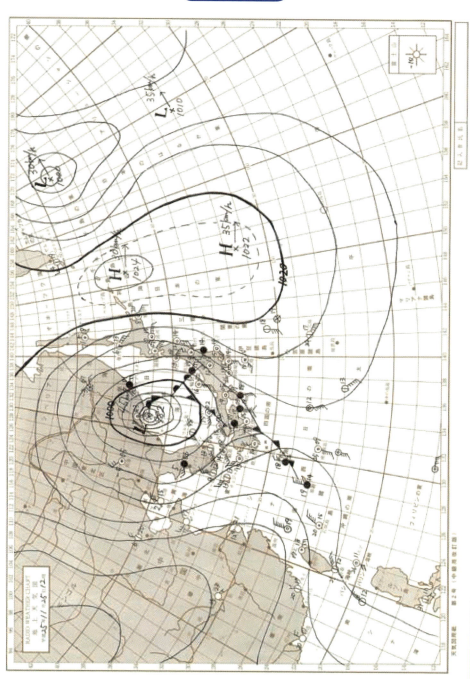

第2章 天気図の書き方

【豆知識】等圧線は交差したり、枝分かれしたりしてはいけない。

COLUMN 2

■ 天気図の歴史

今は天気予報に欠かせない天気図も、その誕生までには長い年月がかかりました。

まず、空気に重さがあることを最初に明確にしたのはガリレオ・ガリレイ（1564-1642）で、この考えを具体的な実験で証明したのが弟子のトリチェリでした。その後、哲学者としても有名なパスカルが空気の重さと気圧の高低を結びつけ、トリチェリの実験から20年後にゲーリケが気圧と天気との間に密接な関係があることを発見しました。

しかし、気圧と天気の関係がわかっても、悪天候をもたらす嵐がどのような空間的広がりを持ち、どのように振る舞うかはわかっておらず、これを解明するために1820年にブランデスによって気圧分布図が作成されました。これが世界で最初の天気図であり、ゲーリケの発見から約150年後のことでした。この気圧分布図には「天気図」とは書かれておらず、"全体を見渡す"という意味の「総観図」との名が記されており、日々の天気の変化を知るためには頭上の天気のみに注意するのではなく、広範囲の状況を把握することの必要性を示唆しています。

■ ガリレオ・ガリレイ

ガリレオ・ガリレイ（Galileo Galilei）イタリアの物理学者、天文学者、哲学者。その業績から天文学の父と称されている。1973年から1983年まで発行されていた紙幣にはガリレオの肖像が採用されていた。

■ トリチェリ

エヴァンジェリスタ・トリチェリ（Evangelista Torricelli）イタリアの物理学者。ファエンツァに生まれ、ローマへ移り、最初は数学者の秘書をしていた。1641年からはガリレイの弟子となり、ガリレオが亡くなるまで一緒に研究をしており、その後はピサ大学の数学の教授になった。

■ ゲーリケ

オットー・フォン・ゲーリケ（Otto von Guericke）ドイツの科学者、発明家、政治家。特に真空の研究で知られている。

■ ブランデス

ハインリッヒ・ブランデス（Heinrich Wilhelm Brandes）ドイツの物理学者。流星に関する研究を行っていた。また、1820年に書いた『気象学論考（Beiträge zur Witterungskunde）』には、1783年のヨーロッパの天気図が載っており、世界で最初の天気図といえる。

第3章

四季で変わる気象と天気図
春編（3・4・5月）

春の気象用語

寒冷前線

　一般に、温帯低気圧の南西方向にのびる前線で、北西から流れ込む寒気が東側の暖気の下にもぐり込むような形で発生します。寒冷前線の近くでは短時間強雨や雷、突風を伴うことがあり、寒冷前線通過後は寒気が流れ込み気温が下がります。

停滞前線

　暖気団と寒気団がぶつかり合い、その勢力がほぼ等しいときにできる前線です。ほとんど同じ位置に停滞することから「停滞前線」と呼ばれます。停滞前線上を次々と小さな低気圧が通ることがあります。

温帯低気圧

　軽い暖気が上方へ、重い寒気が下方へと移動する際の位置エネルギーによって発達する低気圧で、その多くが、低気圧の中心から南東側にのびる温暖前線、南西側にのびる寒冷前線を伴います。春や秋は特に日本付近を通過しやすくなり、経路によりさまざまな名前がつけられています。

❶ 東シナ海低気圧
東シナ海で発生し、発達して北東に進む低気圧の総称です。台湾低気圧も東シナ海低気圧のひとつです。
❷ 日本海低気圧
日本海を東や北東に進む低気圧です。日本海で急速に発達し、春一番やメイストーム、木枯しなど大荒れの天気をもたらします。
❸ 南岸低気圧
西日本や東日本の太平洋沿岸を急速に発達しながら北東に進んでいく低気圧で、早春に太平洋側に大雪を降らせることがあります。
❹ 二つ玉低気圧
日本列島を挟み、日本海と太平洋沿岸を2つの低気圧が並んで北東に進みます。全国的に強い風雨をもたらします。

【1985年4月4日午前9時】

放射冷却

　よく晴れて風が弱い夜に、日中温められた地表付近の空気が宇宙空間に放出されることで、地表付近の温度が下がる現象です。晩春にこの現象が強まると、遅霜が降り、お茶の新芽が凍結して枯れるなどの被害が発生することがあります。

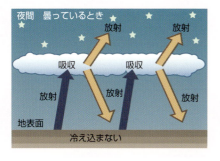
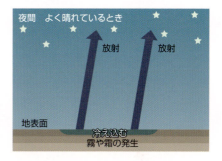

日較差

　ある地点における1日の最高気温と最低気温の差を日較差といいます。移動性高気圧が通過すると昼夜ともよく晴れるため、朝は放射冷却で気温が下がり、昼は日射で気温が上がるため、日較差が大きくなる傾向があります。

逆転層

　通常は地表から上空に向かうにつれて気温が低下していきますが、放射冷却で地表の大気層が冷やされると、上空に行くほど気温が高くなります。このような状態を逆転層といいます。

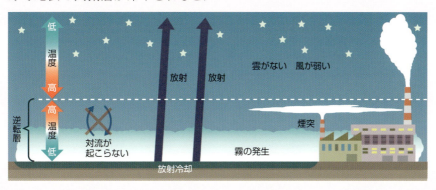

第3章　四季で変わる気象と天気図【春編（3・4・5月）】

71

フェーン現象

　湿った風が山を越えて吹き下りる際、山の風下側で気温が上がる現象のことです。日本で発生するフェーン現象の代表的なものとして、日本海を発達した低気圧が進んだ際に、低気圧に向かう強い南風が本州の山岳を越えて日本海側に吹き下り、日本海側で気温が上昇する現象があります。

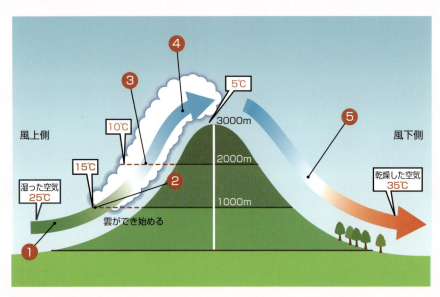

① 湿った空気塊が脊梁山脈にぶつかる。
　↓
② 空気塊が冷える。湿度が100%になって雲が発生。
③ 湿った空気が上昇。100m上がるごとに約0.5℃気温が下がる。
④ さらに飽和水蒸気量が減り、空気塊に含みきれない水蒸気は雨や雪になって落ちる。空気塊に含まれる水分が減る。
　↓
⑤ 山沿いに下降。100m下がるごとに約1℃気温を上げる。

〈空気の塊が雲を作らない〉
　○湿度100%未満
　　この条件で上昇→乾燥断熱減率
　　100mごとに約1℃減少

〈空気のかたまりが雲を作る〉
　○湿度100%のまま
　　この条件で上昇→湿潤断熱減率
　　100mごとに約0.5℃減少

煙霧

煙霧は、小さく乾いた固体の微粒子が大気中に浮遊し、視程が悪化する現象です。砂塵嵐や工場のばい煙、光化学スモッグも煙霧に含まれます。

視程に関する用語	
霧	微小な浮遊水滴により視程が1km未満の状態。
濃霧	視程が陸上でおよそ100m、海上で500m以下の霧。
もや	微小な浮遊水滴や湿った微粒子により視程が1km以上、10km未満となっている状態。
煙霧	乾いた微粒子により視程が10km未満となっている状態。
黄砂	アジア内陸部の砂漠や黄土高原などで強風によって上空に舞い上がった多量の砂じんが、上空の風で運ばれ、徐々に降下する現象。春に観測されることが多い。

視程

大気の見通しのことで、大気の混濁（よごれ等）の程度を表す尺度のひとつです。水平方向に肉眼でどこまで確認できるかを最大距離で表します。雨や霧、地吹雪、煙霧などによって視程が悪くなります。

下の図は粒径が0.1～10マイクロメートルの黄砂粒子による地表付近の黄砂の濃度と、目視で観測した視程との対応を統計的に調べたものです。

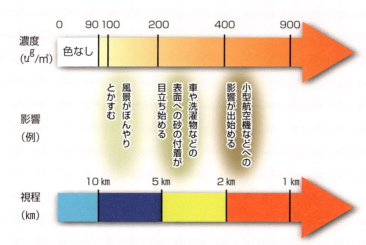

〈地表付近の黄砂の濃度と視程およびその影響の大まかな関係　気象庁HPより〉

春一番

立春以降、日本海で発達した低気圧に向かって吹く、その年最初の強い南風を「春一番」といいます。

天気図を読んで天気の特徴をつかもう

2013年3月1日午前9時の天気図

Point 1 前線を伴った中心気圧1002hPaの低気圧が日本海を東に進んでいます。低気圧を取り囲む等圧線の間隔が狭く、発達した低気圧であることから、九州から東北地方にかけて、日本海の低気圧に吹き込む強い南風が吹いていると推測されます。

Point 2 中国大陸には1044hPaのシベリア高気圧があります。日本海の低気圧から対馬海峡に伸びている寒冷前線が通過した後は、シベリア高気圧から強い寒気が日本列島に流れ込むと予想されます。

【豆知識】春一番が吹くときには、海は大しけとなるので海難事故に注意する必要がある。

春一番とは

　春一番の語源は、長崎県壱岐郷ノ浦の漁師の間で、春の初めに吹く強い南風を「春一」または「春一番」と呼んでいたことに由来します。気象庁では現在、関東地方で発表する春一番の条件として「立春から春分までの間」「日本海に低気圧がある」「南寄りの強風（東南東から西南西の風が8m/s以上）が吹く」「気温が上昇する」を満たすことと定義していますが、発表の目安は地域により多少異なります。

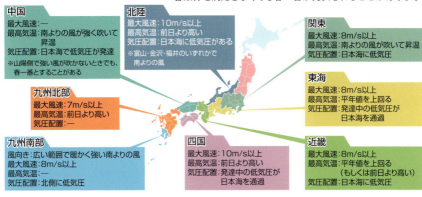

春一番の地域別定義 【期間：立春から春分／風向き：東南東から西南西】
※各条件を満たさなくても春一番が発表されることがあります。

中国
最大風速：―
最高気温：南よりの風が強く吹いて昇温
気圧配置：日本海で低気圧が発達
※山陽側で強い風が吹かないときでも、春一番とすることがある

北陸
最大風速：10m/s以上
最高気温：前日より高い
気圧配置：日本海に低気圧がある
※富山・金沢・福井のいずれかで南よりの風

関東
最大風速：8m/s以上
最高気温：南よりの風が吹いて昇温
気圧配置：日本海に低気圧

東海
最大風速：8m/s以上
最高気温：平年値を上回る
気圧配置：発達中の低気圧が日本海を通過

九州北部
最大風速：7m/s以上
最高気温：前日より高い
気圧配置：―

四国
最大風速：10m/s以上
最高気温：前日より高い
気圧配置：発達中の低気圧が日本海を通過

近畿
最大風速：8m/s以上
最高気温：平年値を上回る（もしくは前日より高い）
気圧配置：日本海に低気圧

九州南部
風向き：広い範囲で暖かく強い南よりの風
最大風速：8m/s以上
最高気温：―
気圧配置：北側に低気圧

気象衛星画像で見てみよう！

日本海の低気圧に伴う雲が北日本から東日本にかけて広がっています。一方、西日本は太平洋側を中心に晴天域が広がっています。

　「春一番」は必ずしも毎年発生するわけではなく、立春から春分までの間に条件を満たす南風が吹かなければ、「春一番の観測なし」とされます。2013年の場合は、約1ヵ月前の2月2日にも強い南よりの暖かい風が吹き、全国的に気温が上昇しましたが、立春の前であったために、「春一番」の発表はありませんでした。なお、あまり一般的ではありませんが、春一番が観測された日以降、同じ年に同様の南よりの強い風が発生した場合は、「春二番」「春三番」などと呼ぶことがあります。

【豆知識】長崎県壱岐市郷ノ浦町は、春一番発祥の地とされ、「春一番の塔」がある。

春の嵐

4月～5月にかけ、日本海や北日本付近で低気圧が猛烈に発達して、大荒れの天気となることがあります。これを「春の嵐」と呼びます。

天気図を読んで天気の特徴をつかもう

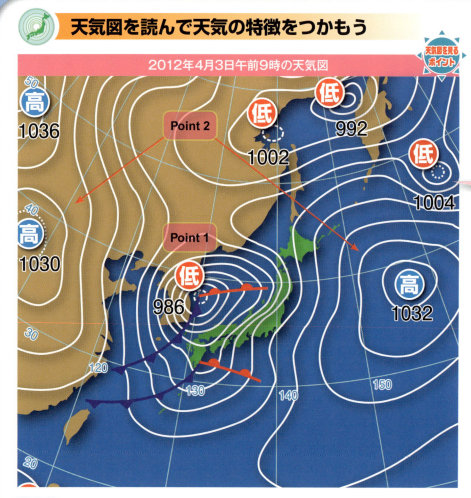

2012年4月3日午前9時の天気図

Point 1 日本海西部に中心気圧986hPaの前線を伴った低気圧があります。低気圧を取り囲む等圧線の間隔が非常に狭く、台風並みに発達していることがわかります。

Point 2 日本の東海上と中国大陸に勢力の強い高気圧があり、日本海西部の低気圧はこれらの高気圧に挟まれる格好となっています。このようなケースでは、低気圧が急発達することがよくあります。

【豆知識】五月の爆弾低気圧は移動速度が速いのが特徴で、災害に注意しなければならない。

春の嵐

　日本海や北日本付近で、南からの暖気と北からの寒気がぶつかった際、その温度差が大きいと急速に低気圧が発達し、台風並みの強風が全国的に吹いて大荒れの天気となることがあります。

　日本海を発達しながら進む低気圧の数がもっとも多いのは、3月～5月です。行楽シーズンのため、海や山での遭難事故がおこる可能性も高くなります。

気象衛星画像で見てみよう！

日本海の低気圧と太平洋沿岸の低気圧に伴って白く輝く発達した雲が広がっています。

 ## 春の嵐をもたらすもう一つのパターン

二つ玉低気圧

　前線を伴う低気圧が日本列島を南北にはさんで通過することがあります。

　これを「二つ玉低気圧」といい、全体として深い気圧の谷に入るので天候が大きく崩れます。

　雨だけでなく、寒さや強風を伴い、山岳地帯では吹雪で遭難事故を起こす可能性もあります。

【1985年4月4日午前9時】

第3章 四季で変わる気象と天気図 【春編（3・4・5月）】

【豆知識】「春の嵐」を「メイストーム」と呼ぶ。メイストームの由来は、1954年5月9日から10日に、急速に発達しながら日本海を通過した低気圧による。

菜種梅雨

3月下旬〜4月上旬、九州から関東の太平洋側を中心にぐずついた天気が続くことを「菜種梅雨」といいます。

天気図を読んで天気の特徴をつかもう

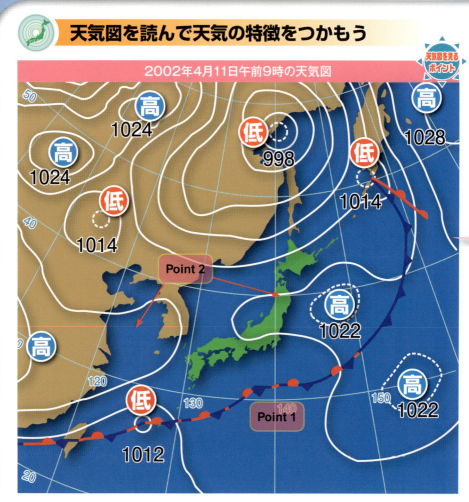

Point 1 本州の南海上を東西に停滞前線が伸びています。
Point 2 中国大陸の高気圧や三陸沖の高気圧は、西日本や東日本から見てやや北に偏って張り出しており、北高型の気圧配置となっています。

【豆知識】40日近く続く梅雨と違い、菜種梅雨はそれほど長く続かない。

菜種梅雨

　春も半ばに差し掛かると、本州付近を支配していたシベリア高気圧の張り出しがやや弱まり、本州の太平洋沿岸に前線が停滞して雨や曇りの日が多くなります。このように3月下旬から4月上旬にかけて、九州から関東の太平洋側を中心にぐずついた天気が続くことを、菜の花が咲く時期でもあることから「菜種梅雨」と呼びます。北日本には見られない現象です。

　菜種梅雨のことを「春の長雨」と呼ぶことがあります。雨の降り方は弱く、降り続くこともありません。植物にとっては成長を促す貴重な雨です。

気象衛星画像で見てみよう！

停滞前線に伴って日本の南海上に雲が東西に伸びています。

雨の割合

　実際に春はどれだけ短い周期で雨が降るのか、東京の過去10年間の降水量データを用いて調べてみると、2月は冬型の気圧配置が続くため、ほぼ4日に1回の割合でしか雨が降らないのに対し、3月から5月は平均で2.9日に1回の割合で雨が降っていることがわかります。まさに「春に3日の晴れなし」といえます。

1日あたりの降水量（1mm）

（2～3月の関東地方の雨量）

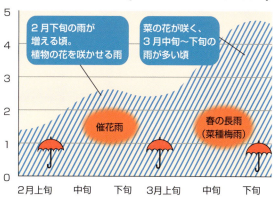

2月下旬の雨が増える頃。植物の花を咲かせる雨

菜の花が咲く、3月中旬～下旬の雨が多い頃

催花雨

春の長雨（菜種梅雨）

第3章　四季で変わる気象と天気図【春編（3・4・5月）】

【豆知識】停滞線が長く滞在するとは限らないので、菜種梅雨がない年もある。

黄砂

中国やモンゴルの砂漠や乾燥地帯の砂が強風で上空に巻き上げられ、偏西風で日本まで飛んでくる現象を「黄砂」といいます。

天気図を読んで天気の特徴をつかもう

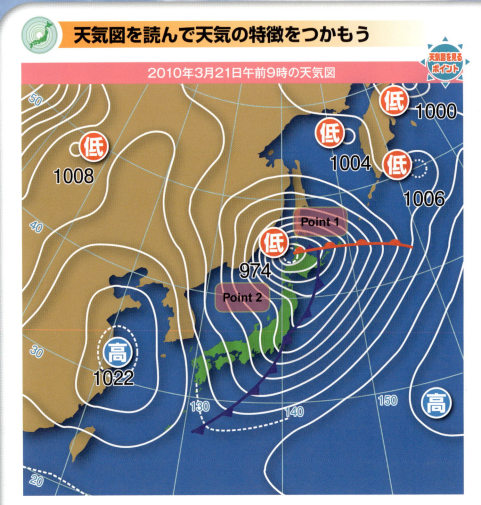

2010年3月21日午前9時の天気図

Point 1　北海道付近に中心気圧974hPaの発達した低気圧があり、低気圧から東に温暖前線が、南西に寒冷前線が伸びています。

Point 2　西日本や東日本では寒冷前線が通過し、等圧線が南北に混んでいます。このため、北西の風が強まっており、この風に乗って黄砂が飛来しました。

【豆知識】上空5000〜12000mを偏西風に乗って飛ぶ黄砂は、太平洋にまで到達する。

黄砂

　黄砂の大部分は、発生源の乾燥地帯を覆う砂塵嵐によって大気中に巻き上げられます。上空高くまで舞い上がった黄砂は偏西風に乗り、約2～3日で数千km運ばれて降下します。日本では毎年3月から5月にかけて多く観測されます。

　春に黄砂の飛来が多い理由として、冬は発生源の乾燥地帯が雪に覆われてしまうため黄砂が発生しにくく、夏から秋にかけては乾燥地帯で植物が増え、雨量が増えるため砂が舞い上がりにくいことが挙げられます。

黄砂の発生と飛来の模式図【モデル図（気象庁）】

　全国の気象台等では、観測者が空中に浮遊した黄砂によって大気が混濁した状態であると目視で確認したとき、黄砂として観測しています。黄砂の観測では、黄砂の観測を開始した時間と終了した時間、決められた観測時間の視程などを記録しています。

気象衛星画像で見てみよう！

寒冷前線に伴う雲が北日本から東日本の太平洋沿岸に沿って伸びています。黄砂は赤外画像ではほとんど見ることができません。

【豆知識】日本海側で雪が降っているときに黄砂が飛ぶと、黄色の雪が降ることがある。

第3章　四季で変わる気象と天気図【春編（3・4・5月）】

寒の戻り

春になると暖かい日が続きますが、一時的に冬のような寒さがぶり返すことがあり、これを「寒の戻り」といいます。

天気図を読んで天気の特徴をつかもう

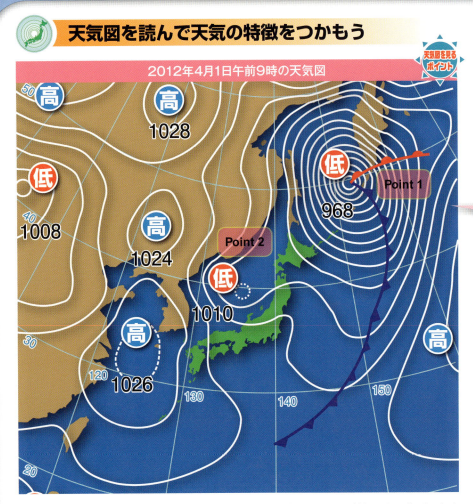

2012年4月1日午前9時の天気図

Point 1 オホーツク海に中心気圧968hPaの発達した低気圧があり、低気圧から伸びる寒冷前線が、小笠原諸島付近に達しています。

Point 2 大陸から冷たい空気を持った高気圧が張り出し、北日本を中心に西高東低の冬型の気圧配置となっています。

【豆知識】寒の戻りがあると春山登山は遭難しやすいため注意が必要。

寒の戻り

　移動性高気圧に覆われるなどして数日ほど暖かな日が続いた後、日本海の低気圧に伴って寒冷前線が通過し、一時的に西高東低の冬型の気圧配置となって、真冬並みの寒さに見舞われることがしばしばあります。これを「寒の戻り」といいます。

　寒の戻りは暖かな陽気から一変して冬の寒さに戻るため、寒暖の差が大きく体調を崩す人も多くなります。また、農作物の植え付けが始まる時期でもあり、遅霜などによって農作物への被害が発生することがあります。

気象衛星画像で見てみよう！

北日本の日本海側と北陸に雪雲が広がっています。一方、西日本や東日本の太平洋側は晴れています。

「花冷え」

　「寒の戻り」の類義語の「花冷え」は、桜が咲く頃にぶり返す寒さを指す言葉で、関東あたりでは3月下旬から4月上旬頃となります。また、東北地方の一部の地域では、桜の便りの聞こえる時期にもかかわらず、コタツやストーブをしまうことができないほどの寒さという意味で「花コタツ」と呼んでいるところもあります。他にも寒さを表す言葉に、立春が過ぎたあとにもまだ寒さが残っているときに使われる「余寒（よかん）」、立春を過ぎたあとに寒さがぶり返す「春寒（しゅんかん）」などがあります。

【豆知識】寒の戻りでは前日と比べ10℃以上気温が下がることがある。

移動性高気圧

移動性高気圧は、春や秋に日本付近を西から東へ移動する高気圧で、大きさは500〜4000kmと様々です。

Point 1 日本付近は、本州に中心をもつ移動性高気圧に広く覆われているため、晴れる所が多くなります。

Point 2 移動性高気圧の勢力は台湾や中国華南まで広がっており、この日を含めて数日程度は晴天が続きます。

【豆知識】移動性高気圧が通過した後は低気圧が通過して天気が崩れるため、「春に3日の晴れなし」といわれる。

移動性高気圧

移動性高気圧のコース

移動性高気圧の中心が通過するコースは、大きく3パターンに分けられます。

❶ 北日本を通過するとき

北日本では晴れますが、東日本や西日本は気温が低く、太平洋側を中心に天気のぐずつくことがあります。

❷ 本州付近を通過するとき

全国的に乾燥した晴天になります。

❸ 日本の南海上を通過するとき

北日本では雲が広がりますが、東日本や西日本は晴れて暖かくなります。高気圧が勢力を強めると、晴天が長続きする場合があります。

気象衛星画像で見てみよう！

移動性高気圧が日本列島を広く覆い、全国的に晴天となりました。日本付近にはほとんど雲が見られません。

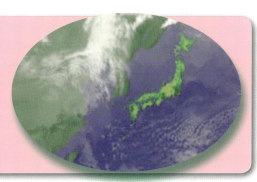

移動性高気圧の成因

日本付近で西から東へと移動する移動性高気圧の発生源は、中国大陸の揚子江（長江）周辺にあります。春になると中国大陸に暖かな日差しが照りつけ、大陸の中でも比較的赤道に近い揚子江周辺は気温が上がります。また、陸地なので海水の蒸発がなく、空気は乾燥しています。こうして揚子江（長江）周辺で形成された、温暖で乾燥した気団を「揚子江気団」または「長江気団」といいます。気団はほとんど動きませんが、春は上空を強い西風（偏西風）が吹いているため、揚子江（長江）気団の一部が移動性となって日本付近に進んでくるのです。

【豆知識】移動性高気圧の移動速度は時速40～50kmと速い。

寒冷低気圧

上空に寒気を伴った低気圧のことを「寒冷低気圧」といいます。春に発生すると落雷や突風、竜巻、ひょうなどの現象を伴います。

天気図を読んで天気の特徴をつかもう

2012年5月6日午前9時の天気図

Point 1　能登半島沖に中心気圧1000hPaの前線を伴わない寒冷低気圧があります。
Point 2　寒冷低気圧の南東側に位置する関東地方は、暖かく湿った空気が流れ込みやすく、大気の状態が不安定になっていると推測されます。

86　【豆知識】上空の寒冷低気圧は動きが遅く、2〜3日続く。雷3日と呼ばれることもある。

寒冷低気圧

　上空を吹く偏西風の蛇行（上下に曲がりくねりながら進むこと）が大きくなり、冷たい空気が偏西風から切り離されて渦となることで、上空に強い寒気を伴う低気圧が発生します。これを寒冷低気圧（別名「切離低気圧」または「寒冷渦」）といい、上空の寒気の影響で大気の状態が不安定となり、特に寒冷低気圧の南東側では局地的に雷や突風、短時間強雨や竜巻、ひょうなどの激しい現象が発生しやすくなります。前線を伴わず、動きが遅いことが特徴で、悪天候が数日間続くことがあります。

気象衛星画像で見てみよう！

能登半島付近の寒冷低気圧に伴って、雲がコンマ状に渦巻いています。

あられ・ひょう

　発達した積乱雲の内部でできる氷の粒のことで、直径が5mm以上のものをひょう、5mm未満のものをあられと呼んでいます。夏は気温が高いため、上空でできたあられやひょうは落下の途中で融けて地上では大粒の雨になりますが、春はまだ上空の気温が低く、あられやひょうは融けることなく地上に落下します。このため、農作物の損傷、家屋の破損、人への直撃などの被害は、1年のうちで5月が最も多くなります。

　あられには、白くてもろい「雪あられ」と、半とう明状でかたい「氷あられ」があります。雲の中には、0℃以下でも凍らずにいる水の粒がたくさんあります。この粒が瞬時にくっついて凍ると、丸い粒のまますきまをあけて固まるので、すかすかでこわれやすい「雪あられ」になります。

　反対に、ゆっくりと凍るときには、すきまをうめるように固まるので、かたい「氷あられ」になります。予報文では、「雪あられ」は雪、「氷あられ」は雨に含めています。

第3章　四季で変わる気象と天気図【春編（3・4・5月）】

【豆知識】1917年6月、埼玉県で重さ約3.4kgのかぼちゃ大の雹（ひょう）が観測された。

COLUMN 3

■ コラム UVとは？

　紫外線（Ultraviolet 略してUV）は波長が長い方から、UV-A、UV-B、UV-Cに分けられます。UV-Aは生活紫外線と呼ばれ、大気圏ではほとんど吸収されずに地表に届きますが、有害性は低いといわれています。ただし、長時間浴びた場合、DNAが損傷を受け皮膚の老化が早まるので注意が必要です。UV-Bはレジャー紫外線と呼ばれ、大部分は大気層（オゾンなど）で吸収されますが、一部は地表へ到達し、皮膚や眼にとって有害となります。日焼けや皮膚がんを引き起こすのはUV-Bです。UV-Cは空気中の酸素分子とオゾン層でさえぎられて地表には届きません。

　紫外線の強さが最も強くなる季節は、紫外線の種類によって異なります。UV-Aは、梅雨のある地域では一般的に梅雨に入る前の5月に最大となり、梅雨のない地域（北海道・東北の一部）では6月に最大となります。一方、UV-Bは、UV-Aと異なり季節変動が大きいのが特徴で、7、8月に最大となります。

　世界保健機関（WHO）ではUVインデックス（UV指数）を活用した紫外線対策の実施を推奨しています。UVインデックスとは紫外線が人体に及ぼす影響の度合いをわかりやすく示すために、紫外線の強さを数値化したもので、UVインデックスによって推奨される対策は次の表のようになっています。

UVインデックス	対　　　策
1〜2	安心して戸外で過ごせます。
3〜7	日中はできるだけ日陰を利用しよう。 できるだけ長袖シャツ、日焼け止め、帽子を利用しよう。
8〜11+	日中の外出は出来るだけ控えよう。 必ず長袖シャツ、日焼け止め、帽子を利用しよう。

　屋外にいる人は、上空からの紫外線を浴びるだけでなく、地表面で反射された紫外線も浴びています。

　地表面での紫外線の反射の割合は、地表面の状態により右の表の様に大きく異なります。上空からの紫外線に対して帽子や日傘の利用は有効ですが、地表面から反射してくる紫外線についても忘れずに、総合的な紫外線対策をとることが大切です。

反射率	
新雪	80%
砂浜	10〜25%
アスファルト	10%
水面	10〜20%
草地・土	10%以下

第4章

四季で変わる気象と天気図
夏編（6・7・8月）

夏の気象用語

梅雨前線

　6月頃、日本付近は北のオホーツク海高気圧と南の太平洋高気圧の間に位置するようになり、オホーツク海高気圧からの冷たい空気と太平洋高気圧からの暖かい空気がぶつかることで前線が停滞するようになります。この停滞前線を梅雨前線といいます。

梅雨入り・梅雨明け

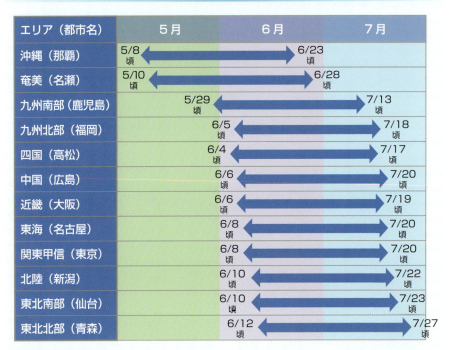

　梅雨の期間は各地で約40日間です。梅雨入り・梅雨明けがもっとも早いのは沖縄で、5月初旬には梅雨入りし、6月下旬には梅雨明けします。梅雨前線が北上すると、本州でも6月には梅雨入り、東北地方でも7月下旬には梅雨が明けます。

オホーツク海高気圧

オホーツク海上に春〜夏に発生する高気圧のことで、周囲よりも冷たく湿った空気でできています。これが発達・停滞すると東日本の太平洋側などで悪天候となり、冷害が発生することがあります。

太平洋高気圧

ハワイ諸島の北の太平洋上に中心を持つ高気圧で、夏に勢力が拡大して日本付近まで張り出すようになります。安定した夏の晴天をもたらすと同時に暖かく湿った空気を送り込むため、日本付近はじめじめとして暑くなります。台風は太平洋高気圧の西の縁に沿うようにして進むため、太平洋高気圧の盛衰は台風の進路予想に大変重要です。

（2002年7月31日午前9時）

梅雨前線の振動

梅雨前線の位置は北のオホーツク海高気圧と南の太平洋高気圧の力関係で決まります。オホーツク海高気圧が相対的に太平洋高気圧より強くなると、梅雨前線が一時的に南下します。逆に太平洋高気圧が相対的にオホーツク海高気圧より強くなると、梅雨前線が北上します。このように梅雨期は日本付近を梅雨前線が南北に振動し、それに伴って天気も大きく変化します。

五月晴れ

梅雨の期間は旧暦5月にあたるため、梅雨のことを五月雨（さみだれ）といいます。また、梅雨前線が日本の南に一時的に南下すると、日本付近はさわやかな晴天におおわれることがあり、これを「五月晴れ」といいます。しかし、現在では五月晴れは新暦5月のさわやかな晴天にぴったりの言葉として用いられるようになり、気象庁でも梅雨時期の晴れ間を五月晴れとはいわず、梅雨の合間の晴れなどと表現しています。

やませと冷害

　春から秋にかけてオホーツク海高気圧から吹く冷たく湿った北東風のことを山背(やませ)といいます。やませが吹くと東北地方の太平洋側を中心に濃霧に覆われることが多く、異常低温や日照不足により植物の生長が遅れ、農作物などの生産が減少する被害が発生します。これを冷害といい、北日本などの太平洋側でのやませによる米の不作が有名です。特に、イネにとっては、穂(ほ)が出たり開花したりする大切な時期なので、山背によって気温の低い日が続くと、大きな被害(ひがい)が出てしまいます。「冷害風」のことを「餓死風(がしふう)」とも呼び、昔から恐れられています。

梅雨前線の活発化

　「梅雨前線が活発化する」とは、上空の気圧の谷の通過や台風などの影響で、梅雨前線の南側で暖湿気流が強まり、梅雨前線上やそのすぐ南側で積乱雲が次々と発生する状況のことをいいます。特に台風が接近・通過する場合は、梅雨前線に向かって大量に暖かく湿った空気が流れ込み、大雨をもたらします。

暖気移流

　暖かく湿った空気の流れ込みを暖気移流といい、前線付近で暖気移流が強まると前線の活動が非常に活発になります。暖気移流は高層天気図で確認しやすく、高層天気図ではちょうど舌のような形状になっていることから、湿舌といわれることがあります。

梅雨明け10日

　太平洋高気圧は10日くらいの周期で強弱を繰り返すため、梅雨明けした後の10日ほどは安定した晴天が続く傾向があり、「梅雨明け10日」などといわれています。この時期は太平洋高気圧の勢力も強く猛暑になることがあります。

大気不安定

　地表面付近に暖かい空気、上空に冷たい空気が流れ込むと、地面付近の空気と上空の空気を混ぜ合わそうとする流れが発生します。これを対流といい、対流が発生しやすい大気の状態を大気不安定といいます。大気不安定になると雲が上空高くまで発達しやすくなり、背の高い積乱雲が発生します。このような積乱雲の下では、1時間に50ミリ以上の強い雨が降るほか、しばしば落雷や突風などの激しい気象現象が発生します。

鯨の尾型

　太平洋高気圧が朝鮮半島付近の高気圧とつながると、天気図上では日本付近を覆う等圧線の形が鯨の尾のような形に見えることがあります。このときの天気図を「鯨の尾型」といい、全国的に猛暑になります。

（2002年7月31日午前9時）

集中豪雨

　集中豪雨とは比較的狭い地域に短時間に多量の雨が降る現象で、日本で初めて集中豪雨という言葉が使われたのは、1953年8月に近畿地方の木津川で発生した豪雨といわれています。前線が同じ場所に停滞したり、地形性降雨が強まったりする場所で特に集中豪雨が発生しやすくなります。

第4章　四季で変わる気象と天気図【夏編（6・7・8月）】

梅雨入り

日本の南にあった停滞前線が次第に北上して日本付近に停滞するようになると、梅雨の季節が始まります。

天気図を読んで天気の特徴をつかもう

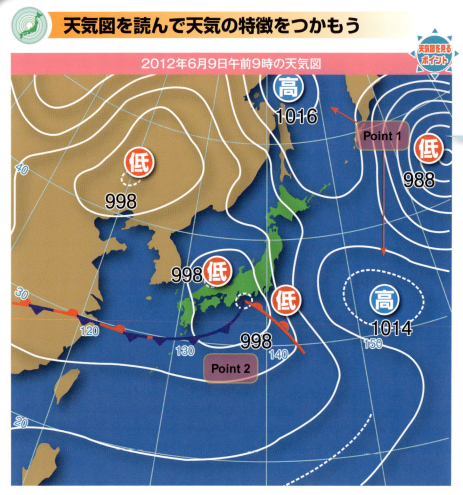

2012年6月9日午前9時の天気図

Point 1 オホーツク海にオホーツク海高気圧、日本の東海上に太平洋高気圧が位置しています。
Point 2 東海地方の南岸にある低気圧から南東に温暖前線、南西に寒冷前線がのびており、寒冷前線の先は停滞前線（梅雨前線）になっています。

【豆知識】「北海道には梅雨がない」といわれるが、年によっては梅雨のように雨が続き「えぞ梅雨」と呼ばれる。

梅雨入り

　暦の上での入梅は太陽が黄経80度を通る6月11日頃となりますが、気象庁は日本の南海上に梅雨前線が形成され、曇りや雨が翌日以降も続いて天気がぐずつくと予想されると、「○○地方は○○頃梅雨入りしたと見られます」と発表します。梅雨入り（明け）には5日程度の遷移期間を設けており、その中日を○○頃と表現しています。

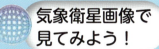

気象衛星画像で見てみよう！

東海沖の低気圧に伴う雲が関東から東北に広がり、西日本の南海上には梅雨前線に伴う雲がのびています。

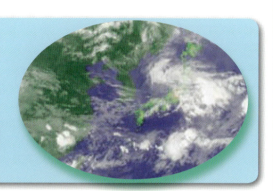

梅雨のタイプ

　梅雨の時期は、雨や曇りのぐずついた天気が続くイメージがありますが、天気の変化や雨の降り方は年や地域によって異なります。一般に梅雨は雨の降り方の特徴から「陽性型」と「陰性型」に分けることができます。
　「陽性型」の梅雨は、雨が激しく降る日や晴れて暑くなる日など天気のめりはりがはっきりしているのが特徴です。局地的な豪雨により河川の氾濫や浸水被害がしばしば発生します。
　「陰性型」の梅雨は、曇りや雨の日が続き、めりはりのないのが特徴です。雨の強さはそれほど強くないものの、雨が長時間降り続くため総雨量が多くなります。また、オホーツク海高気圧が平年より強まるため気温が低く、北海道から関東の太平洋側では梅雨寒が続きます。一般に、西日本では陽性型が現れやすく、東日本や北日本は梅雨の前半は陰性型が、後半は陽性型が現れやすくなります。

陽性型　太平洋高気圧の勢力が強く、前線を北陸から関東付近まで押し上げた。

陰性型　日本の北側にあるオホーツク海高気圧の勢力が強まって梅雨前線を南下させている。

【豆知識】旧暦では五月は梅雨時期に当たる。「五月晴れ」は梅雨の合間の晴れのことをさしていた。

梅雨の中休み

6月の下旬頃、本州付近に停滞していた梅雨前線が一時的に南下または活動が弱まって晴天になることがあり、これを梅雨の中休みといいます。

Point 1 中国大陸からのびる梅雨前線が、本州付近で南に下がっています。
Point 2 西日本や東日本は梅雨前線から離れており、高気圧に覆われています。

【豆知識】食中毒は梅雨の頃から急増し始める。

梅雨の中休み

梅雨の期間中に数日以上の晴れ、または曇りが続いて日が射すことがあります。梅雨前線の活動一時的に弱まるなどして起こる現象で、これを梅雨の中休みといいます。

梅雨期間中の晴れ間は日差しによって気温が上がります。この時期は湿度が高いこともあり蒸し暑くなるので、熱中症が起こりやすくなります。一方、雨期の貴重な晴れ間として、たまった洗濯物を片づけるには絶好の日になります。また、太陽高度が1年のうちで最も高く、直達日射が最大となるため、紫外線の最も強い時期にあたります。

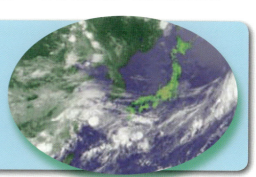

気象衛星画像で見てみよう！

梅雨前線に伴う雲域が南下し日本付近は晴天が広がっています。

梅雨の中休みの2つのパターン

梅雨前線が南下する場合は、大陸から乾燥した空気が流れ込み、からりと晴れます。一方、梅雨前線の活動が弱まる場合は蒸し暑い晴天となります。

第4章 四季で変わる気象と天気図【夏編（6・7・8月）】

【豆知識】リウマチは梅雨から夏にかけて症状が最もひどくなる。

梅雨末期の集中豪雨

梅雨の末期に、暖かく湿った空気が日本付近に停滞していた梅雨前線に向かって流れ込むと大雨となることが多く見られます。

天気図を読んで天気の特徴をつかもう

2004年7月18日午前9時の天気図

Point 1 梅雨前線が関東の南から、中国大陸まで伸びています。
Point 2 日本の南にある太平洋高気圧が南西諸島から西日本に張り出しており、その縁辺に沿うような形で、北陸地方から北日本に水蒸気が流れ込みやすい気圧配置となっています。

【豆知識】「集中豪雨」はマスコミから生まれた言葉である。

梅雨末期の集中豪雨

　梅雨末期になると、日本付近にある梅雨前線にむかって大雨の原因となる多量の水蒸気が流れ込むようになり、梅雨前線上や地形性降雨が発生しやすい場所では、次々に積乱雲が発生して集中豪雨となります。

　山地などに多量の水蒸気を含んだ空気が流入すると、山の斜面で空気が持ち上げられ上昇気流が発生して雨雲が発達します。これを地形性降雨といい、同じ場所で強い雨が降り続くという特徴があります。代表的な場所として、紀伊半島や九州の南東斜面、四国の南斜面などがあります。

　梅雨末期の大雨の時期は地方によって異なり、九州や四国など西日本では7月上旬に、北陸や北日本では7月中旬～下旬が該当します。

気象衛星画像で見てみよう！

梅雨前線に伴って白く輝く発達した雲のかたまりが連なっています。

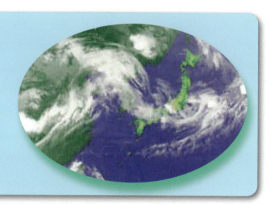

湿舌

　太平洋高気圧の西の縁辺に沿って、南から暖かく湿った空気が本州付近に流入します。高層天気図を見ると、その空気の流入がちょうど舌のような形状になっていることから、これを湿舌と呼ぶことがあります。特に湿舌の先端部では多量の水蒸気が次々と積乱雲を発生させ、集中豪雨になることがしばしばあります。

【豆知識】狭い範囲に数時間にわたって強く降り、100mmから数百mmの雨量をもたらす雨を「集中豪雨」という。

梅雨明け

梅雨前線が日本海まで北上して太平洋高気圧が張り出すと、梅雨が終わり、本格的な夏の季節が到来します。

天気図を読んで天気の特徴をつかもう

2011年7月8日午前9時の天気図

Point 1 日本の東海上には太平洋高気圧があり、大きく西に張り出して西日本から東日本を覆っています。

Point 2 梅雨前線は、太平洋高気圧に押し上げられる形で日本海や東北北部まで北上し、西日本や東日本からは遠ざかっています。

【豆知識】梅雨明け後、晴天が長続きすることを「梅雨明け十日」という。

梅雨明け

　日本の南東海上にある太平洋高気圧の勢力が強まり、梅雨前線が日本海まで北上するか、梅雨前線の活動が弱まって消滅することで、梅雨明けとなります。特に前者の場合は、梅雨明け後何日も晴天が続きます。それは、太平洋高気圧が10日くらいの周期で強弱を繰り返すためで、梅雨明け後の10日間ほどは安定した晴天が続きやすい傾向にあります。

　気象庁は、このようによく晴れた日で、翌日以降も晴天が続くと予想されるときに、梅雨明けを発表する傾向にあります。まだ暑さに慣れていない時期なので、熱中症が多発します。

気象衛星画像で見てみよう！

梅雨前線に伴う雲が北上し、梅雨明けした四国から東海地方にかけて晴天域が広がっています。

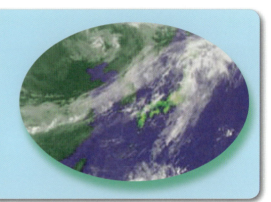

梅雨明けの発表がない年

　年によっては梅雨明けの発表がされないことがあります。気象庁では8月7日の立秋の頃になっても梅雨明けの見込みがない場合、梅雨明けの発表はおこないません。梅雨明けのない年は、オホーツク海高気圧の勢力が強く、8月に入っても梅雨前線が北上しないという特徴があり、特に東北地方では、数年に一度の割合で発生します。この場合、8月もすっきりと晴れない日が続き、冷夏になることが多くなります。

【豆知識】エルニーニョ現象の年は梅雨明けが遅いといわれる。

猛暑

夏に太平洋高気圧の勢力が拡大し、特に朝鮮半島付近の高気圧とつながると、全国的に猛暑になります。

天気図を読んで天気の特徴をつかもう

2007年8月16日午前9時の天気図

Point 1 日本の南東海上に太平洋高気圧の中心があり、日本付近に張り出しています。
Point 2 九州や朝鮮半島付近にも高気圧の中心があり、太平洋高気圧とつながって日本付近をすっぽり覆っています。

【豆知識】1日の最高気温が25℃以上を夏日、30℃以上を真夏日、35℃以上を猛暑日という。

猛暑

　夏に太平洋高気圧の勢力が拡大して日本付近を覆うと、晴天が続いて暑くなります。特に太平洋高気圧が朝鮮半島付近の高気圧とつながると、全国的に猛暑となる傾向にあります。天気図でみると、日本付近を覆う等圧線の形が鯨の尾のように見えることから、このときの天気図を「鯨の尾型」といいます。

　このような気圧配置では、西日本や東日本では高気圧の下降気流が強まることで空気が暖められます。また、上空の大気の流れが北西から南東に向かうため、山地の南側に位置する地域ではフェーン現象が発生します。これらの要因が重なることで、著しい高温になることが多くみられます。

　なお、「猛暑日」とは最高気温が35℃以上の日のことで、気象庁が日本国内向けに決めた報道用語です。

　「気温が高い」「湿度が高い」「風が弱い」「日差しが強い」というような気象条件下では熱中症が起きやすいので注意が必要です。

気象衛星画像で見てみよう！

西日本から東日本は太平洋高気圧に覆われ、ほとんど雲が見当たりません。

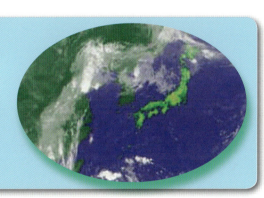

第4章　四季で変わる気象と天気図【夏編（6・7・8月）】

猛暑日記録

【最高気温が高い順】

順位	都道府県	地点	観測値 ℃	観測値 起日
1	高知県	江川崎	41.0	2013年　8月12日
2	埼玉県	熊谷＊	40.9	2007年　8月18日
3	岐阜県	多治見	40.9	2007年　8月18日
4	山形県	山形＊	40.8	1933年　7月25日
5	山梨県	甲府＊	40.7	2013年　8月10日

（2014年4月30日現在）

【豆知識】1日の最低気温が25℃以上の場合を熱帯夜と呼ぶ。

冷夏

オホーツク海に高気圧が停滞すると全国的に冷たい北東風が吹きます。東北地方太平洋側に「やませ」が吹く日が多くなり、梅雨明けが遅れ、冷夏になります。

天気図を読んで天気の特徴をつかもう

2003年8月17日午前9時の天気図

Point 1 オホーツク海付近に優勢な高気圧があり、東北や関東に張り出しています。
Point 2 日本付近はオホーツク海高気圧と太平洋高気圧に挟まれ、前線が停滞しています。

【豆知識】エルニーニョ現象が起こったときは冷夏になりやすい。

冷夏

　オホーツク海高気圧は、春から夏に発生する高気圧のことで、周囲よりも冷たく湿った空気でできています。これが発達・停滞すると東日本の太平洋側などで悪天候となります。オホーツク海高気圧から吹く冷たく湿った北東風の中でも、特に春から秋にかけて東北地方の太平洋側に吹くものを「やませ」と呼び、濃霧による日照不足で米の不作などの農業被害（冷害）が発生します。

気象衛星画像で見てみよう！

停滞前線に伴う雲が西日本から東日本にかけて広がっています。中には白く輝く発達した雲も見られます。

ブロッキング高気圧

　偏西風には、蛇行が少なく西から東へと流れる「東西流型」と、南と北への蛇行が大きい「南北流型」があります。通常は4〜6週間で交互に繰り返されています。しかし、南北流型が強まるとブロッキングと呼ばれる現象が発生し、オホーツク海高気圧が長時間留まるため、北東風が吹き続けて冷夏となります。

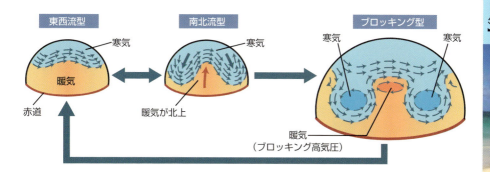

【豆知識】全国的にもたらされる冷夏を「全国低温型」と呼び、北日本で梅雨が明けず冷夏になる場合を「北冷西暑型」という。

ゲリラ豪雨

強い日差しによって急発達した積乱雲が短期間で非常に強い雨を降らすことを「局地的豪雨(ゲリラ豪雨)」といいます。予測が難しく大きな被害が出ます。

天気図を読んで天気の特徴をつかもう

2012年8月14日午前9時の天気図

Point 1　日本の東海上には広大な太平洋高気圧がありますが、本州付近ではやや南下しています。

Point 2　日本海の高気圧と太平洋高気圧の間に停滞前線があり、山陰から東北南部にかかっています。

Point 3　フィリピンの東には台風13号があり、台風の暖かく湿った空気が太平洋高気圧の西の縁に沿って、前線に流れ込みやすい気圧配置になっています。

106　【豆知識】「ゲリラ豪雨」は気象用語ではなく、マスコミの造語である。

ゲリラ豪雨

　局地的豪雨とは、文字通り狭い範囲に降る激しい雨のことを指します。夏は強い日差しで地面付近が高温となり、空気も湿っていることから大気の状態が不安定になっています。特に上空に冷たい空気が流れ込んだり、地上付近に前線があったりすると積乱雲が発達しやすくなります。しかし、日本では1個の積乱雲で局地的豪雨になることは珍しく、通常は複数の積乱雲が同じ場所でかわるがわる強い雨を降らせることで発生します。特に夏場は、積乱雲が突然発生して急発達し、短時間で河川の増水や道路の冠水などの被害をもたらすことが多く、どこで発生するか予測が難しいことから「ゲリラ豪雨」と呼ばれることがあります。

気象衛星画像で見てみよう！

停滞前線に伴って雲が連なっています。特に発達した雲のかかっている西日本では、局地的に激しい雨が降りました。

積乱雲の組織化

　1個の積乱雲の一生は、上昇気流によって雨粒が成長する「成長期」、雨粒が落下し始めて次第に下降流が強まる「成熟期」、雲の中がほとんど下降気流になり徐々に消滅していく「衰弱期」に分けることができ、通常30分〜1時間程度で一生を終えます。しかし、局地的豪雨が発生するような場合は、成熟期の積乱雲のすぐ近くに新たな積乱雲が発生し、その積乱雲が成長するとまた次の新たな積乱雲がそばに発生するという世代交代を繰り返します。これを積乱雲の組織化といいます。

【豆知識】都市化によるヒートアイランドも積乱雲を作りやすいため、ゲリラ豪雨の一因となっている。

COLUMN 4

■ ヒートアイランド

　近年、都市部と郊外の気温を比較すると、都心の方が数度高くなっています。地面が土の場合は、その土に含まれている水分が蒸発して、気温の上昇を緩和する働きがありますが、都市部ではコンクリートやアスファルトで固められており、植物が少ないので、蒸発散作用による昇温抑制効果は期待できません。さらに冷暖房の室外機、車の排熱などの人工的な要素もあり、熱を溜め込みやすく、その結果気温が高くなります。このような現象を「ヒートアイランド」といいます。ヒートアイランドは熱中症の増加、動植物の生息域の変化、集中豪雨、夏期の冷房によるエネルギー消費量の増加などに影響があるとされています。

　また、風が弱く晴れた日の夜間には、郊外で逆転層が発生し、それが都市にふたをしてドーム状になってしまうため、都市部の空気の対流が妨げられ、都市部の中だけで上昇気流が循環する「ヒートアイランド循環」が起こります。

　このドームの中には、大気汚染物質も溜め込まれてしまうことから「ダストドーム」とも呼ばれています。

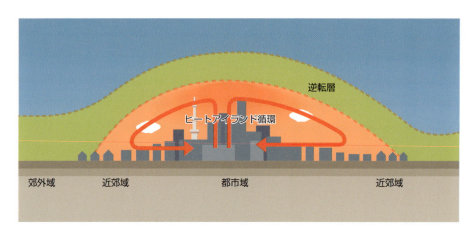

■ ヒートアイランドの緩和への取り組み

　都市部において緑地は周囲と比べると気温が低くなる傾向があり、これを「クールアイランド」と呼びます。ヒートアイランドを緩和する取り組みとして、空調や自動車などによる人工排熱の低減、蒸発散作用の減少や地表面の高温化を防ぐための保水性舗装、緑地や水面からの風の通り道の確保、屋上緑化、街路樹の再生・整備など、様々なライフスタイルの改善が挙げられます。

第5章

四季で変わる気象と天気図
秋編（9・10・11月）

秋の気象用語

残暑

　暦の上では立秋から立冬の前日までを秋と呼びます。次第に太平洋高気圧の勢力が弱まるとはいえ、日中はまだ暑く、真夏日も珍しくありません。立秋を過ぎた時期の真夏のような暑さを「残暑」といいます。

秋雨前線

　9月に入り、勢力が弱まった太平洋高気圧は日本の南東海上に後退し、大陸育ちの移動性高気圧が日本の北を通過するようになります。暖かく湿った空気をもつ太平洋高気圧と、比較的冷たく乾いた空気をもつ移動性高気圧との間では前線が発生しやすくなります。こうしてできる前線が「秋雨前線」です。東京では秋雨の季節に雨量が多くなります。

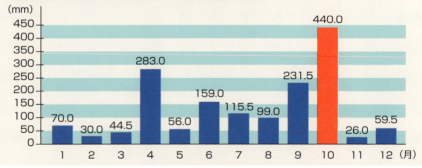

北東気流

　冷たい空気をもった秋の高気圧が日本の北を通過すると、東日本の太平洋側では冷たく湿った北東風が三陸沖から流れ込みやすくなります。北側に高気圧があり、北東の風が曇りや雨の天気をもたらす気圧配置を、北東気流型や北高型と呼びます。関東や東北の太平洋側では肌寒いぐずついた天気となります。

二つ玉低気圧

　日本海を通過する低気圧と、太平洋沿岸を通過する低気圧が、日本列島を南北にはさむかたちで、並んで北東に進むことがあります。これを「二つ玉低気圧」といいます。全体として深い気圧の谷に入るので、全国的に強い風雨をもたらすなど、天候が大きく崩れます。

気圧の谷

　秋に日本付近を通過する低気圧は、上空の気圧の谷の深まり方によって発達度合いが異なります。気圧の谷とは、高層天気図で高圧部と高圧部の間の気圧の低い部分を指し、西から東に吹いている偏西風が南に向かって蛇行した部分のことです。気圧の谷が深まるとは一般的に偏西風の蛇行が大きくなることを意味し、気圧の谷の深まりによって南北の温度移流が強まって低気圧が発達しやすくなります。

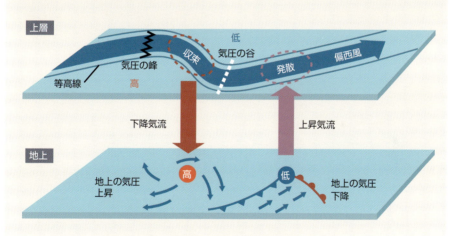

地形性降雨

　多量の水蒸気を含んだ空気が山地に流入すると雨雲が発達します。これは地形的要素である山の斜面で空気が持ち上げられて上昇気流が発生するためで、「地形性降雨」といいます。台風からの湿った空気は南風に乗って流れ込むため、紀伊半島や九州の南東斜面、四国の南斜面などで地形性降雨が発生しやすく、雨量が多くなる傾向があります。

移動性高気圧

　温帯低気圧と交互になって東西に並び、偏西風に流されて時速40～50km程で東に移動する高気圧を移動性高気圧といいます。春と秋に多く見られます。日本付近を通過する移動性高気圧は、中国の揚子江周辺で発生し、暖かく乾燥した空気でできています。そのため、移動性高気圧に覆われると湿度が低くさわやかな晴天になります。また、移動性高気圧が東西に勢力を拡大すると帯状に見えることがあり、安定した晴天が数日間続きます。「天高く馬肥ゆる秋」のことわざどおり、高く真っ青でさわやかな空が広がります。

　次第に秋が深まると、冬型の気圧配置が緩んだ際に、冷たいシベリア高気圧の一部が分裂して移動性になり、上空の偏西風により北から南下して日本に到達します。そのため、晩秋になると冷たい移動性高気圧が多くなります。

冷たい移動性高気圧

海水温

　近年、9月でも30度を超える日が多くなっていますが、大きな原因として海面水温の上昇が挙げられます。2013年9月8日の日本付近の海面水温（図1）を見ると、本州のすぐ南で海面水温が27℃～29℃になっています。台風が発生するためには「海面水温が27℃以上」という条件がありますが、日本近海は台風の発生条件を満たすほど海面水温が高くなっているといえます。海面水温が高いと海から大気に熱が供給され、高温多湿な天候になる傾向があります。海面水温は様々な周期で上昇下降を繰り返していますが、地球温暖化の影響で、海面水温の平均値そのものが上昇している可能性があります。

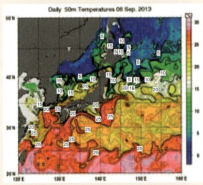

日本近海の海面水温（2013年9月8日）

小春日和

冬型の気圧配置が緩まると、移動性高気圧に覆われて朝晩は冷えるものの日中は穏やかに晴れます。このことを「小春日和」といいます。小春日和になるには二つのパターンがあります。

小春日和	
パターン1	大陸からの移動性高気圧によるもの
パターン2	冬型の気圧配置の緩み

旧暦の10月（現在の11月から12月初めごろ）は周期的に春のように穏やかで暖かくなる日があり、ここから旧暦10月を「小春」と呼ぶようになりました。晴れたよい天気という意味の「日和」がつき、現在の11月の穏やかな晴天を小春日和と呼ぶようになりました。海外でも、秋から冬にかけて暖かい晴れの日をさす言葉が見られます。

国名	秋から冬にかけて 暖かい晴れの日をさす言葉
アメリカ	インディアンサマー
ドイツ	老婦人の夏
ロシア	女の夏
イギリス	セント・マーチンの夏
フランス	サンマルタンの夏

沖縄では「小夏日和」という（この時期の25度以上の夏日）

最小湿度

昼間は湿度が低く、夜間は湿度が高くなる傾向がありますが、その日の中で最も低い湿度のことを最小湿度といい、最小湿度が25%以下になると乾燥注意報が出されることが多くなります。本州の太平洋側では毎年10月下旬になると最少湿度が25%以下の日が出てきます。

第5章 四季で変わる気象と天気図【秋編（9・10・11月）】

残暑

24節気の立秋過ぎの暑さを残暑といいます。立秋は新暦の8月7日頃で、立秋を過ぎても1ヵ月余りは暑さの厳しい日が続きます。

天気図を読んで天気の特徴をつかもう

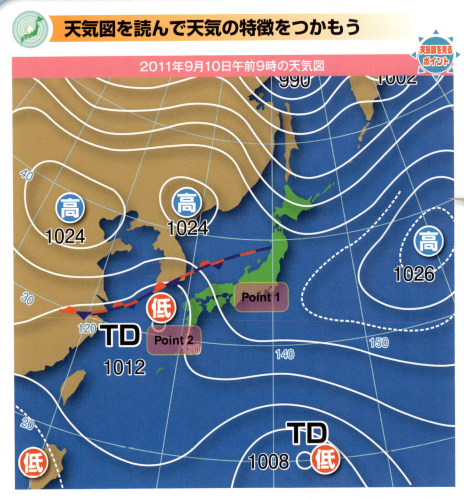

2011年9月10日午前9時の天気図

Point 1 日本の東海上からの太平洋高気圧が東日本から西日本にかけて張り出しています。
Point 2 本州の南にあった台風は、西寄りに進み九州の西で熱帯低気圧になり、南から暖かく湿った空気が流れ込みやすい気圧配置になっています。

114 【豆知識】立秋を過ぎても暑いことを「残暑」という。

残暑

　いったん涼しくなってから、急に真夏のような暑さがぶりかえすことを残暑といいます。涼しさに慣れた身体には非常に厳しく感じられます。

　日本近海の海水温は8月下旬から9月上旬に最も高くなり、気候に大きく影響します。日本の南海上の海水温が平年より高い場合は、厳しい残暑が長く続く傾向があります。

　また、フェーン現象が発生するとより残暑が厳しくなります。日本で発生するフェーン現象の代表的なものとして、日本海を発達した低気圧が進んだ際に、低気圧に向かう強い南風が本州の山岳を越えて日本海側に吹き下り、日本海側で気温が上昇する現象がしばしば見られます。

気象衛星画像で見てみよう！

九州の西には熱帯低気圧の大きな雲が、日本海には前線に伴う雲が広がっています。一方、西日本や東日本は雲のない晴天域が広がっています。

熱中症

　真夏だけでなく、残暑の日にも熱中症に注意する必要があります。涼しくなってから再び暑さがぶり返したときに、油断しやすく、暑さがより厳しく感じます。

　熱中症は、立ちくらみやこむら返りなどの筋肉痛から始まります。更に進むと、頭痛、吐き気、だるさを感じ、重症化した場合には意識障害やけいれんなどの症状が起こり、死に至ることもあります。

　普段は、体温が上昇すると、自律神経の働きで熱を体外に放出し、汗が蒸発するときの気化熱で体温を下げます。

　しかし、以下のような条件が重なると熱中症にかかりやすくなります。

環境条件	
気温が高い 湿度が高い 風が弱い 日差しが強い	・その他として 　体調不良 　過度の着衣 　運動不足

　熱中症にかかったかもしれないと思ったら、涼しい環境への非難、脱衣や冷却で体温を下げる、水分・塩分の補給が必要です。重症の場合には医療機関への搬送が最優先となります。

第5章 四季で変わる気象と天気図【秋編（9・10・11月）】

【豆知識】いったん涼しくなってから、急に真夏のような暑さがぶりかえすことを「猛烈残暑」と呼ぶことがある。

秋雨前線

9月上旬～10月中旬、夏に日本の北まで北上していた前線が南下し、再び日本付近に停滞するため、曇りや雨が続きやすく、これを秋の長雨といいます。

Point 1 太平洋高気圧は日本の東海上に後退しており、朝鮮半島の北には大陸育ちの秋の高気圧が進んできています。
Point 2 2つの高気圧に挟まれる形で、本州南岸に秋雨前線が伸びています。
Point 3 日本付近は北高型の気圧配置となっているため、東北地方の太平洋側を中心に北東気流が流れ込み、気温が低くなります。

【豆知識】秋雨前線は台風の接近で活発になることが多い。

秋雨前線

　9月になると太平洋高気圧の勢力が弱まり、日本の南東海上に後退する一方で、日本の北を大陸育ちの移動性高気圧が通過するようになります。この高気圧は、比較的冷たく乾いた空気をもつため、暖かく湿った空気をもつ太平洋高気圧との間で前線ができやすくなります。こうして発生する前線が秋雨前線です。

　日本の北を冷たい空気をもった秋の高気圧が通過すると、東日本の太平洋側では三陸沖から冷たく湿った北東風が流れ込みやすくなります。このような天気図を北東気流型あるいは北高型と呼び、関東や東北の太平洋側では肌寒いぐずついた天気となります。

　これを秋霖ともいいます。この長雨の原因となる秋雨前線は南下速度が速く、北日本から本州南岸まで1週間足らずで南下することがあります。

気象衛星画像で見てみよう！

北海道東部にある低気圧から前線の雲が南西に向かって伸び、中国大陸まで達しています。北東気流の影響で東日本の太平洋側では最高気温が低く、日照もほとんどなくやや肌寒くなりました。

秋雨前線と体育の日

　現在、体育の日は10月の第2月曜日になっていますが、以前は1964年に開催された東京オリンピックの開会式を記念して10月10日でした。東京オリンピックの開会式が10月10日になったのには天気が関係しています。秋の長雨は平均すると9月中旬から10月上旬で、10月10日はちょうど秋の長雨が終わる時期にあたります。過去の統計によると、10月10日を境に10月後半に向かって晴天率が高くなる一方、昼の時間が短くなって気温が低下していきます。これらを総合的に検討して開会式が10月10日に決まりました。1964年10月10日は、前日の夜まで3日間降り続いた雨が止み、東京は無事晴天になりました。現在では、夏のオリンピックは真夏に開催されるようになっており、開催国によっては猛暑の中での競技になります。

【豆知識】梅雨前線と比べて秋雨前線は短く、中国大陸まで延びずに東日本が中心になっている。

台風

秋になると太平洋高気圧が日本の南東海上に後退し、日本付近まで偏西風が南下してきます。そのため、台風が日本に接近・上陸しやすくなります。

天気図を読んで天気の特徴をつかもう

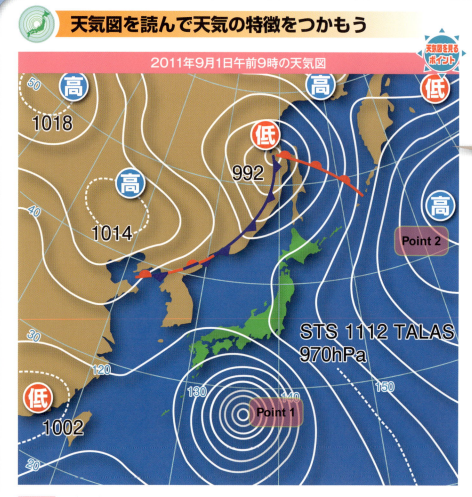

2011年9月1日午前9時の天気図

Point 1 日本の南海上に中心気圧が970hPaの台風12号があります。台風の等圧線は同心円をいくつも重ねた形状で、中心気圧とともに等圧線の混み具合も重要なポイントです。等圧線が混んでいると、小さな台風でも強い風が吹くため、風による被害が大きくなるという特徴があります。

Point 2 日本の東海上には太平洋高気圧があり、日本のすぐ東まで張り出しています。台風はこの太平洋高気圧の西の縁を回るようにして、この後西日本に上陸しました。

【豆知識】東京をはじめとする東日本では、梅雨時期の6月より9月や10月の方が降水量が多いのは台風も大きな要因である。

台風

　熱帯地方で発生する低気圧を熱帯低気圧といいます。北西太平洋や南シナ海で発達した熱帯低気圧のうち最大風速が17.2m以上になったものを台風といい、最大風速の基準は異なりますが、北東太平洋や北大西洋ではハリケーン、インド洋ではサイクロンとよばれています。現在の台風の定義が定まったのは1951年頃とされていますが、日本では古くから台風のことを野分（のわき、のわけ）といい、枕草子や源氏物語の中にこれらの表現を多く見ることができます。

　室戸台風や伊勢湾台風など過去に日本で大きな被害をもたらした大型台風のほとんどは9月に日本に上陸しています。

気象衛星画像で見てみよう！

台風12号は8月25日マリアナ諸島の西で発生し、ゆっくり北上して29日夜には中心気圧が970hPa、最大風速が25mとなり最盛期を迎えました。大型ではあるものの風は特に強くなかった一方、四国の南に接近してから動きが遅くなったため、長時間にわたり台風周辺の非常に湿った空気が流れ込んで大雨となりました。

台風の平年値

　気象庁では台風の発生数、上陸数、接近数を毎年集計しており、月別の平均値は右表のようになります。

台風の平年値	1月	2月	3月	4月	5月	6月	7月	8月	9月	10月	11月	12月	年間
発生数	0.3	0.1	0.3	0.6	1.1	1.7	3.6	5.9	4.8	3.6	2.3	1.2	25.6
接近数				0.2	0.6	0.8	2.1	3.4	2.9	1.5	0.6	0.1	11.4
上陸数					0.0	0.2	0.5	0.9	0.8	0.2	0.0		2.7

台風の風と雨の特徴

　台風の風は、反時計回りに回転しながら中心に向かって吹きこみます。風速は中心に近いほど大きく、一般に進行方向に向かって右側の風が強くなります。台風の目のまわりには壁雲（アイウォール）という上空まで発達した積乱雲が取り巻いています。その外側には内側降雨帯という、やや幅のある激しい雨をもたらす雲が広がっています。さらにその外側にらせん状の外側降雨帯があり、にわか雨や雷雨のほか、竜巻を発生させる場合もあります。

【豆知識】「台風が上陸した」とは、台風の中心が日本のいずれかの海岸に達したことを指す。

秋晴れ

秋は高気圧と低気圧が交互に日本を通過し、天気が変化しやすくなります。移動性高気圧に覆われると、空気が乾燥し全国的に秋晴れとなります。

天気図を読んで天気の特徴をつかもう

2009年10月28日午前9時の天気図

Point 1 本州付近に中心をもつ移動性高気圧が日本列島をすっぽりと覆っています。等圧線の間隔も広いため、全国的に風が弱く穏やかに晴天が広がる気圧配置です。

Point 2 移動性高気圧は中国大陸まで帯状に勢力を広げているため、日本付近はこのあと数日程度、大きな天気の崩れはないと考えられます。

【豆知識】11月3日の「文化の日」は晴れる確率が80％と高いことで知られている。

秋晴れ

　移動性高気圧は、東西方向に温帯低気圧と交互になって並び、偏西風の影響で時速40～50km程で東に移動します。秋の長雨が終わり、中国の揚子江周辺で発生し、日本付近を通過する移動性高気圧は、暖かく乾燥した空気でできています。そのため、移動性高気圧に覆われると湿度が低くさわやかな晴天になります。

　このとき、昼間の湿度は低く、夜間の湿度は高くなる傾向があります。その日の中で最も低い湿度のことを最小湿度といいますが、本州の太平洋側では毎年10月下旬になると最少湿度が25％以下の日が出てきます。最小湿度が25％以下になると乾燥注意報が出されることが多くなります。

　地表の熱が上空に逃げていくことにより、地表面付近ほど空気が冷やされる現象を放射冷却といいます。移動性高気圧に覆われて穏やかに晴れた夜間は放射冷却現象が強まりやすく、朝の最低気温が低下します。一方、雲が多い場合は空気が上空に逃げられず、また風が強い場合は周囲の暖かい空気と混ぜ合わされるため、放射冷却は弱まります。

気象衛星画像で見てみよう！

中国大陸東岸にあった高気圧が東に移動して、28日は日本付近をこの高気圧が広く覆いました。全国的に晴れており、雲ひとつない快晴の所が多いことがわかります。

帯状高気圧

　移動性高気圧が東西に勢力を拡大すると帯状に見えることがあり、安定した晴天が数日間続きます。ときには1週間以上も全国的に晴天が長続きすることもあります。大陸から移動性高気圧が次々とやってくると、それらがつながって、東西に帯状に連なることがあります。これを「帯状高気圧」と呼んだりします。

2003年10月1日27時9分

【豆知識】初秋は晴れは2～3日しか続かないが、晩秋になると1週間以上続くことが多い。

木枯らし

雨をもたらした低気圧が東へ去ると、続いて「冬型」と呼ばれる西高東低の気圧配置になります。このときに吹く強い北よりの風が木枯らしです。

天気図を読んで天気の特徴をつかもう

2013年11月11日午前9時の天気図

- **Point 1** 日本の東海上に前線を伴った低気圧、オホーツク海には中心気圧972hPaの発達した低気圧があります。
- **Point 2** モンゴル付近の大陸上に1044hPaのシベリア高気圧があり、東シナ海まで勢力を伸ばしています。
- **Point 3** 日本付近は西高東低の冬型の気圧配置になっています。数本の等圧線が南北に並んでおり、強い北風によって日本付近に寒気が流れ込んでいます。

【豆知識】木枯らしが鳴る「ビュービュー」という音をエオルス音という。

木枯らし1号とは

　晩秋から初冬にかけて木枯らしは何度も吹きますが、観測されるのは最初の1回のみで、木枯らし1号と呼ばれています。木枯らし1号が発表されるのは、関東地方（気象庁が発表）と近畿地方（大阪管区気象台が発表）の2地方のみです。木枯らしは晩秋から初冬にかけて、木の葉を吹き散らすように吹く冷たい北寄りの風で、冬の季節風の先駆けです。木枯らしの文字の通り木に葉が残っている季節だけに使われる言葉で、木々が葉を落としてしまった後は使いません。

気象庁が「木枯らし1号」と宣言する基準		
	関東地方 （東京地方）	近畿地方
期　間	10月半ばから 11月末日まで	霜降（10月24日頃） 〜 冬至（12月22日頃）
気圧配置	西高東低の冬型	西高東低の冬型
風　向	西北西〜北	西北西〜北北東
風　速	最大風速 8m/s以上	最大風速8m/s以上

気象衛星画像で見てみよう！

日本の東海上には低気圧や前線に伴う雲の帯が見られます。また、日本海には大陸からの季節風による筋状の雲が現れています。

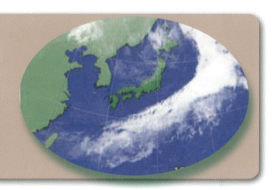

冬型の気圧配置がもたらす現象

　日本付近の西に高気圧、東に低気圧がある場合の気圧のパターンを「西高東低」といい、大陸から寒気が流れ込んで日本列島は寒くなります。この気圧配置を一般的に冬型の気圧配置といいます。日本付近では等圧線が南北にいくつも並びます。等圧線の間隔が狭いほど季節風が強くなり、さらに上空に流れ込む寒気が強いほど「強い冬型」となります。日本海側や内陸部（京都・長野県など）では時雨（しぐれ）が多くなり、太平洋側は晴れ、「空っ風」に代表される冷たい北よりの風が吹きます。

【豆知識】木枯らし1号は、季節が秋から冬へと変わるサインである。

第5章　四季で変わる気象と天気図【秋編（9・10・11月）】

初霜・初冠雪

冬型の気圧配置により日本列島の上空に強い寒気が流れ込み、山頂の積雪が初めて見えた日を初冠雪、初めて霜が降りた日を初霜日として観測します。

天気図を読んで天気の特徴をつかもう

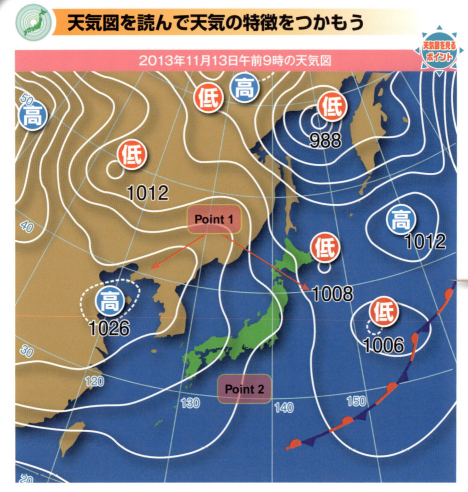

2013年11月13日午前9時の天気図

Point 1 日本の東海上に低気圧、中国大陸に高気圧があり、日本付近は西高東低の冬型の気圧配置になっています。

Point 2 日本列島を南北に横切る等圧線は少なく、冬型の気圧配置は西から緩んできているものの、全国的に気温の低い状態が続いています。

【豆知識】初霜は5℃以下に冷え込んだとき、初氷は2～3度以下になったときに見られる。

初霜・初冠雪

　霜は、空気中の水蒸気が、地面や地面上の物体の表面などで凍ってできる氷の結晶です。霜は地上気温が2〜3℃でも、地表面が0℃以下になっていれば降ります。秋になって初めて霜が降りた日を初霜日といい、平年の初霜日は、北海道で10月上旬〜中旬、関東以西の平野部は11月中旬〜下旬頃になります。

　平野部から初めて山の上に雪が積もっているのが確認された日を初冠雪といいます。山で雪が降っている日は雲に覆われて山の姿が見えないため、山の初雪と初冠雪が同じ日に起きることはまれです。

　初雪は冬型になった当日から翌日に観測されることが多く、初霜や初氷は冬型になった翌日以降に観測されることが多くなります。初冠雪は高い山ほど長時間雪雲に覆われるため、しばしば標高の低い山の方が早く観測されることがあります。気象庁では初雪の定義を寒候期（10月から3月まで）に初めて降る雪やみぞれとしており、左の天気図の日の前日（12日）に富山で降ったみぞれは初雪として発表されました。

気象衛星画像で見てみよう！

日本海には寒気の吹き出しに伴う筋状の雲が広がっている。一方、太平洋側は雲がなくよく晴れています。この日は山を覆っていた雲が晴れたところが多く、蔵王や伊吹山ではふもとから山頂の積雪が観測されました。

霜のでき方

　放射冷却により、気温が5度以下になっている場合、地面近くの温度は0℃以下になっています。冷えた水蒸気が水滴にならず、一気に氷の結晶になったものが霜です。

【豆知識】霜点とは、温度0℃以下のときの露点のこと。

COLUMN ❺

台風の名前

　気象庁では毎年1月1日以後、最も早く発生した台風を第1号とし、以後台風の発生順に番号をつけています。一度発生した台風が衰えて「熱帯低気圧」になった後で再び発達して台風になった場合は同じ番号を付けます。

　以前は、米国が英語名（人名）を付けていましたが、平成12年（2000年）から、北西太平洋または南シナ海で発生する台風防災に関する各国の政府間組織である台風委員会（日本ほか14カ国等が加盟）によって、同領域内で用いられている固有の名前を付けることになりました。

　平成12年の台風第1号にカンボジアで「象」を意味する「ダムレイ」の名前が付けられ、以後、発生順にあらかじめ用意された140個の名前を順番に用いて、その後再び「ダムレイ」に戻ります。台風の年間発生数の平年値は25.6個なので、大体5年間で台風の名前が一巡することになります。

　台風の名前は繰り返して使用されますが、大きな災害をもたらした台風などは、台風委員会加盟国からの要請を受けて、その名前を以後の台風に使用しないように変更することがあります。

	台風の名前と意味			
	命名した国と地域	呼名	片仮名読み	意味
1	カンボジア	Damrey	ダムレイ	象
2	中国	Haikui	ハイクイ	イソギンチャク
3	北朝鮮（朝鮮民主主義人民共和国）	Kirogi	キロギー	がん（雁）
4	香港	Kai-tak	カイタク	啓徳（旧空港名）
5	日本	Tembin	テンビン	てんびん座
6	ラオス	Bolaven	ボラヴェン	高原の名前
7	マカオ	Sanba	サンバ	マカオの名所
8	マレーシア	Jelawat	ジェラワット	淡水魚の名前
9	ミクロネシア	Ewiniar	イーウィニャ	嵐の神
10	フィリピン	Maliksi	マリクシ	速い
11	韓国	Gaemi	ケーミー	あり（蟻）
12	タイ	Prapiroon	プラピルーン	雨の神
13	米国	Maria	マリア	女性の名前
14	ベトナム	Son-Tinh	ソンティン	ベトナム神話の山の神
15	カンボジア	Bopha	ボーファ	花
16	中国	Wukong	ウーコン	（孫）悟空
17	北朝鮮（朝鮮民主主義人民共和国）	Sonamu	ソナムー	松
18	香港	Shanshan	サンサン	少女の名前
19	日本	Yagi	ヤギ	やぎ座
20	ラオス	Leepi	リーピ	ラオス南部の滝の名前
21	マカオ	Bebinca	バビンカ	プリン
22	マレーシア	Rumbia	ルンビア	サゴヤシ
23	ミクロネシア	Soulik	ソーリック	伝統的な部族長の称号
24	フィリピン	Cimaron	シマロン	野生の牛
25	韓国	Jebi	チェービー	つばめ（燕）
26	タイ	Mangkhut	マンクット	マンゴスチン
27	米国	Utor	ウトア	スコールライン
28	ベトナム	Trami	チャーミー	花の名前
29	カンボジア	Kong-rey	コンレイ	伝説の少女の名前
30	中国	Yutu	イートゥー	民話のうさぎ
31	北朝鮮（朝鮮民主主義人民共和国）	Toraji	トラジー	桔梗
32	香港	Man-yi	マンニィ	海峡（現在は貯水池）の名前
33	日本	Usagi	ウサギ	うさぎ座
34	ラオス	Pabuk	パブーク	淡水魚の名前
35	マカオ	Wutip	ウーティップ	ちょう（蝶）

126 【豆知識】台風は低緯度で発生した熱を高緯度に運ぶ役割を果たし、地球のエネルギーのバランスを取っている。

	命名した国と地域	呼名	片仮名読み	意味
36	マレーシア	Sepat	セーパット	淡水魚の名前
37	ミクロネシア	Fitow	フィートウ	花の名前
38	フィリピン	Danas	ダナス	経験すること
39	韓国	Nari	ナーリー	百合
40	タイ	Wipha	ウィパー	女性の名前
41	米国	Francisco	フランシスコ	男性の名前
42	ベトナム	Lekima	レキマー	果物の名前
43	カンボジア	Krosa	クローサ	鶴
44	中国	Haiyan	ハイエン	うみつばめ
45	北朝鮮（朝鮮民主主義人民共和国）	Podul	ポードル	やなぎ
46	香港	Lingling	レンレン	少女の名前
47	日本	Kajiki	カジキ	かじき座
48	ラオス	Faxai	ファクサイ	女性の名前
49	マカオ	Peipah	ペイパー	魚の名前
50	マレーシア	Tapah	ターファー	なまず
51	ミクロネシア	Mitag	ミートク	女性の名前
52	フィリピン	Hagibis	ハギビス	すばやい
53	韓国	Neoguri	ノグリー	たぬき
54	タイ	Rammasun	ラマスーン	雷神
55	米国	Matmo	マットゥモ	大雨
56	ベトナム	Halong	ハーロン	湾の名前
57	カンボジア	Nakri	ナクリー	花の名前
58	中国	Fengshen	フンシェン	風神
59	北朝鮮（朝鮮民主主義人民共和国）	Kalmaegi	カルマエギ	かもめ
60	香港	Fung-wong	フォンウォン	山の名前（フェニックス）
61	日本	Kammuri	カンムリ	かんむり座
62	ラオス	Phanfone	ファンフォン	動物の名前
63	マカオ	Vongfong	ヴォンフォン	すずめ蜂
64	マレーシア	Nuri	ヌーリ	オウム
65	ミクロネシア	Sinlaku	シンラコウ	伝説上の女神
66	フィリピン	Hagupit	ハグピート	むち打つこと
67	韓国	Jangmi	チャンミー	ばら
68	タイ	Mekkhala	メーカラー	雷の天使
69	米国	Higos	ヒーゴス	いちじく
70	ベトナム	Bavi	バービー	ベトナム北部の山の名前
71	カンボジア	Maysak	メイサーク	木の名前
72	中国	Haishen	ハイシェン	海神
73	北朝鮮（朝鮮民主主義人民共和国）	Noul	ノウル	夕焼け
74	香港	Dolphin	ドルフィン	白いるか。 香港を代表する動物の一つ。
75	日本	Kujira	クジラ	くじら座
76	ラオス	Chan-hom	チャンホン	木の名前
77	マカオ	Linfa	リンファ	はす（蓮）
78	マレーシア	Nangka	ナンカー	果物の名前
79	ミクロネシア	Soudelor	ソウデロア	伝説上の首長名
80	フィリピン	Molave	モラヴェ	木の名前
81	韓国	Goni	コーニー	白鳥
82	タイ	Atsani	アッサニー	雷
83	米国	Etau	アータウ	嵐雲
84	ベトナム	Vamco	ヴァムコー	ベトナム南部の川の名前
85	カンボジア	Krovanh	クロヴァン	木の名前
86	中国	Dujuan	ドゥージェン	つつじ
87	北朝鮮（朝鮮民主主義人民共和国）	Mujigae	ムジゲ	虹

【豆知識】国際分類でいう「タイフーン」は、日本の「強い台風」～「猛烈な台風」という表現
　　　　で示される台風にあたる。

	命名した国と地域	呼名	片仮名読み	意味
88	香港	Choi-wan	チョーイワン	彩雲
89	日本	Koppu	コップ	コップ座
90	ラオス	Champi	チャンパー	赤いジャスミン
91	マカオ	In-fa	インファ	花火
92	マレーシア	Melor	メーロー	ジャスミン
93	ミクロネシア	Nepartak	ニパルタック	有名な戦士の名前
94	フィリピン	Lupit	ルピート	冷酷な
95	韓国	Mirinae	ミリネ	天の川
96	タイ	Nida	ニーダ	女性の名前
97	米国	Omais	オーマイス	徘徊
98	ベトナム	Conson	コンソン	歴史的な観光地の名前
99	カンボジア	Chanthu	チャンスー	花の名前
100	中国	Dianmu	ディアンムー	雷の母
101	北朝鮮(朝鮮民主主義人民共和国)	Mindulle	ミンドゥル	たんぽぽ
102	香港	Lionrock	ライオンロック	山の名前
103	日本	Kompasu	コンパス	コンパス座
104	ラオス	Namtheun	ナムセーウン	川の名前
105	マカオ	Malou	マーロウ	めのう(瑪瑙)
106	マレーシア	Meranti	ムーランティ	木の名前
107	ミクロネシア	Fanapi	ファナピ	サンゴ礁を形成する小さな島々
108	フィリピン	Malakas	マラカス	強い
109	韓国	Megi	メーギー	なまず
110	タイ	Chaba	チャバ	ハイビスカス
111	米国	Aere	アイレー	嵐
112	ベトナム	Songda	ソングダー	北西ベトナムにある川の名前
113	カンボジア	Sarika	サリカー	さえずる鳥
114	中国	Haima	ハイマー	タツノオトシゴ
115	北朝鮮(朝鮮民主主義人民共和国)	Meari	メアリー	やまびこ
116	香港	Ma-on	マーゴン	山の名前(馬の鞍)
117	日本	Tokage	トカゲ	とかげ座
118	ラオス	Nock-ten	ノックテン	鳥の名前
119	マカオ	Muifa	ムイファー	梅の花
120	マレーシア	Merbok	マールボック	鳥の名前
121	ミクロネシア	Nanmadol	ナンマドル	有名な遺跡の名前
122	フィリピン	Talas	タラス	鋭さ
123	韓国	Noru	ノルー	のろじか(鹿)
124	タイ	Kulap	クラー	ばら
125	米国	Roke	ロウキー	男性の名前
126	ベトナム	Sonca	ソンカー	さえずる鳥
127	カンボジア	Nesat	ネサット	漁師
128	中国	Haitang	ハイタン	海棠
129	北朝鮮(朝鮮民主主義人民共和国)	Nalgae	ナルガエ	つばさ
130	香港	Banyan	バンヤン	木の名前
131	日本	Washi	ワシ	わし座
132	ラオス	Pakhar	パカー	淡水魚の名前
133	マカオ	Sanvu	サンヴー	さんご(珊瑚)
134	マレーシア	Mawar	マーワー	ばら
135	ミクロネシア	Guchol	グチョル	うこん
136	フィリピン	Talim	タリム	鋭い刃先
137	韓国	Doksuri	トクスリ	わし(鷲)
138	タイ	Khanun	カーヌン	果物の名前、パラミツ
139	米国	Vicente	ヴェセンティ	男性の名前
140	ベトナム	Saola	サオラー	ベトナムレイヨウ

128 【豆知識】南半球と北半球ではコリオリの力が逆に働くため、台風など渦の向きが逆になる。

第6章

四季で変わる気象と天気図
冬編(12・1・2月)

冬の気象用語

西高東低

　冬を代表する気圧配置で、日本の西に優勢な高気圧、東に低気圧がある状態です。西高東低の気圧配置になると、冷たいシベリア寒気団が、高気圧から吹き出す北西の季節風にのって日本付近に流れ込み、日本付近は冷たい空気に覆われます。
　シベリアの内陸部は日照時間が短く放射冷却によって約-50℃まで冷えこみ、寒冷なシベリア寒気団が形成されます。シベリアの南にはチベット高原があるため、寒気の流れが抑えられ、シベリア気団の寒気は日本側へ流れます。
　天気図としては、日本付近を等圧線が南北に狭い間隔で走っています。衛星写真で見ると、日本海側に北西季節風に沿って筋状の雲が確認できます。

冬型の等圧線

　日本付近を南北に走る等圧線の本数が多いほど（混んでいるほど）強い冬型となり、冬型が緩んでくると等圧線の本数が減り、間隔が開いてきます。等圧線の走り方は寒気の入り方によって異なり、南北に走る場合や、北西から南東に走る場合などがあります。

時雨（しぐれ）

　晩秋から初冬、冬型の気圧配置に伴って主に日本海側に降る雨を「時雨」と呼びます。シベリアからの寒気は最初は乾燥していますが、水温が10℃～14℃と暖かい対馬海流の流れる日本海の上を通過する際に、多量の水蒸気を含み、雲を作ります。この雲によって日本海側に雨が降り、さらに気温が下がると雪になります。

130

離岸距離

　日本海の筋状の雲が発生し始めている場所と、中国大陸の沿岸部との距離をいい、寒気の吹き出しが強いほど離岸距離は短くなります。筋状の雲は、大陸から流れてきた寒気が日本海の水蒸気を冷却させてできるため、寒気が強いほど短距離で雲ができることになります。

上空の寒気

　冬の天気に大きな影響を与えるのがシベリアから南下してくる寒気団です。寒気の強さを知るために、500hPa（上空5500m付近）の気温がよく利用されます。雪の目安として−30℃以下が雪、−36℃以下が大雪、−42℃以下で豪雪となります。能登半島に位置する輪島の上空の気温が大雪の目安としてよく使われます。

真冬日の年間日数

　真冬日は北日本を中心に多く見られます。年間の真冬日日数は、旭川で76.0日、札幌で45.0日、青森で20.4日、秋田で10.2日となっています。一方、東日本や西日本では内陸部を除くと真冬日が現れることが少なく、長野は7.1日、東京や大阪では0日です。東京の最高気温が最も低かった日は1900年1月26日の−1.0℃で、1971年以降は東京では、真冬日が現れていません。

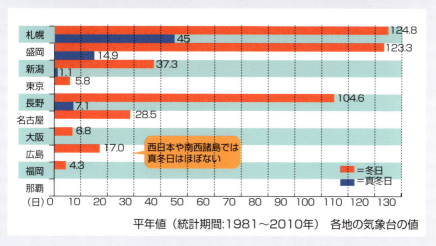

平年値（統計期間：1981〜2010年）　各地の気象台の値

第6章　四季で変わる気象と天気図【冬編（12・1・2月）】

冬日と低温注意報

　真冬日は最高気温が0℃未満の日のことですが、冬日とは最低気温が0℃未満の日のことをいいます。一見真冬日の方が寒いように思われますが、定義に用いる気象要素が異なるため、両者の気温の高低を単純に比較することはできません。例えば、日較差の小さな真冬日よりも、最低気温が著しく低い冬日の方が、日平均気温が低いこともあり得ます。ちなみに、低温注意報は農作物などに著しい被害が予想される場合や水道管の凍結や破裂による著しい被害が予想されるときに発表されますが、その基準も暖候期は平均気温によって、寒候期は最低気温によって定義される地域が多いという傾向があります。

山雪型

　山雪型の気圧配置は等圧線がほぼ南北に走り、天気図上では縦じま模様に見えるのが特徴です。また、縦じま模様の間隔が短いほど寒気の流れ込みは強く、北寄りの季節風が強まって山間部で雪雲が発達して大雪になります。太平洋側は、雲がなく晴れることが多いですが、「空っ風」に代表される冷たい乾燥した風が吹きます。

里雪型

　里雪型の気圧配置では、等圧線が湾曲し、日本海で袋状になります。季節風は一時的に弱まることが多いものの、西からの湿った風によって、雪雲が帯状になって日本海沿岸の地域にかかります。山雪の場合と比較すると等圧線の間隔はやや広く、太平洋側も冬の季節風が弱くなります。

日本海の小低気圧

里雪型の気圧配置ではよく日本海に小さな低気圧が現れます。この低気圧は上空に非常に冷たい空気を持っており、この低気圧が接近すると大気の状態が不安定となって雪雲がさらに発達しやすくなります。気象衛星やレーダ画像では、雪雲が渦を巻いている様子が見られ、これが陸地にかかると平野部でも大雪になります。

日本海寒帯気団収束帯（JPCZ）

冬の季節風が朝鮮半島北部の山岳域で分流し、日本海西部で再び合流して収束帯を形成することがあり、これを日本海寒帯気団収束帯（JPCZ）と呼びます。JPCZの上では小低気圧ができ、渦状の雪雲が発生することがあります。この低気圧の中心では積乱雲が発達して雷やひょうなどの激しい気象現象をもたらすほか、里雪型の大雪の原因となることもあります。

流氷

オホーツク海は、北半球の凍る海の中では、最も南に位置しています。オホーツク海の北部では11月下旬から凍り始めます。海上を漂っている海氷を「流氷」といい、陸に接岸して動かない氷を「定着氷」と呼びます。

流氷は漁船にぶつかると沈没させる恐れがあるため、漁も制限されます。海産物の育ち方にも影響を与えます。

北の海でできた流氷が、季節風に流されて、北海道のオホーツク海沿岸にやってくるのは1月半ばごろです。気象台から見たときに視界内の海面に初めて流氷が現れた日を「流氷初日」といいます。また、流氷が定着氷となり、沿岸水路がなくなり船舶が出航できなくなった最初の日を、「流氷接岸初日」とよびます。このときには、氷の軋む音が聞こえます。波が立たないので、波浪注意報が発表されなくなります。

視界内の氷が半分以下になり、船舶の運航が可能になった日を「海明け」、流氷を最後に見た日を「流氷終日」といいます。初日から終日までの期間を「流氷期間」とよんでいます。

鰤起こし（冬季雷）

11月末から12月頃にかけて、北陸地方の日本海側を中心に雷が頻発します。「冬季雷」といいますが、寒鰤漁の時期と重なることから「鰤起こし」とも呼ばれます。

天気図を読んで天気の特徴をつかもう

2013年12月11日午前9時の天気図

Point 1 オホーツク海に中心気圧968hPaの発達した低気圧があり、中国大陸からシベリア高気圧が日本付近に張り出し始めています。

Point 2 日本海には1006hPaの低気圧があり、本州付近は等圧線が東西に寝たような形で横切っています。

【豆知識】大陸からの寒気の流れ込みで発生する冬の雷を「冬季雷」と呼ぶ。

冬季雷

　シベリアからやってきた冷たい季節風が日本海を渡るとき、水温の高い日本海から熱と水蒸気を受け取り、大気の状態が不安定になります。このため、日本海側では筋状に雪雲が発達し、雪雲から雷が鳴るとともに雪が降り始めます。特に、気象学では、大陸からの寒気の流れ込みで発生する冬の雷を「冬季雷」と呼んでいます。冬型の気圧配置になり始めの頃に、日本海側の沿岸部で冬季雷が頻発します。そのため、「鰤起こし」を「雪起こし」と表現することもあります。

気象衛星画像で見てみよう！

西日本の日本海側や北陸沿岸部には、白く写る背の高い積乱雲が見られます。この積乱雲の下では雷を伴った雨や雪が降り、新潟では直径8mmのひょうを観測しました。

　1月終わりになると、北陸地方や東北地方の日本海側では雪だけでなく雷の季節が到来します。次のグラフは2003年11月〜2010年10月の7年間における東京と金沢の雷日数（雷電、電光、雷鳴があった日の日数）を表しています。東京では7月や8月の夏に雷日数が多いのに対して、金沢では11〜2月の冬に多いことがわかります。

　冬季雷は地面から雲に向かって上昇するものが多く、夏季雷の移動電荷のほとんどが－（マイナス）なのに対し、冬季雷は移動電荷が＋（プラス）のものが多いのが特徴です。また、大きな雷鳴とともに電光が走り、一発で終わってしまうため、「一発雷」と呼ばれることもあります。冬季雷は夏季雷よりエネルギーが大きく、鉄塔や送電線に大きな被害を与えるため、電力会社では様々な冬季雷対策に取り組んでいます。

【豆知識】冬季雷の時間あたりの落雷数は、夏の雷よりも少ないが、一日中発雷がみられることが多く雪やあられを伴うことが多い。

冬型の気圧配置

低気圧が日本付近を通過し、西からシベリア高気圧が張り出す気圧配置になると、等圧線が南北に何本も並びます。これを「冬型」といいます。

天気図を読んで天気の特徴をつかもう

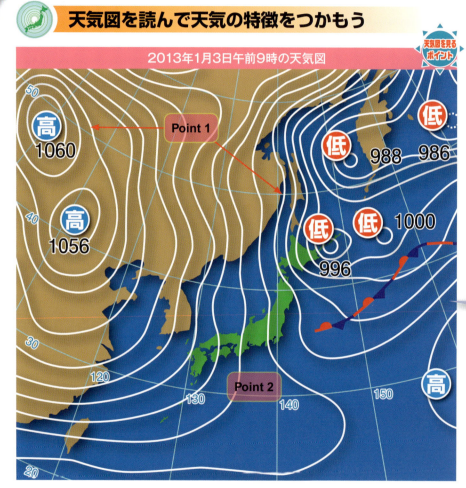

2013年1月3日午前9時の天気図

Point 1 大陸には中心気圧1060hPaの非常に優勢なシベリア高気圧が、北海道の東海上には中心気圧996hPaの低気圧があり、西高東低の冬型の気圧配置となっています。

Point 2 日本付近を等圧線が南北に8本以上走っており、非常に強い冬型ということがわかります。

【豆知識】日本列島の中央にある山脈で日本海側と太平洋側は雪と晴れに分かれる。川端康成の「トンネルを抜けると雪国であった」は冬型の気圧配置によるもの。

冬型の気圧配置

「西高東低」と呼ばれる冬を代表する気圧配置は、日本の西は優勢な高気圧、東は低気圧となる状態です。高気圧から吹き出す北西の季節風の影響で、シベリア寒気団が流れ込み、日本付近は冷たい空気に覆われます。

冬型の気圧配置では、日本海で発生した雪雲は山岳地帯にぶつかって雪を降らせ、水蒸気を落とし切るため、太平洋側まで雲は流れてきません。そのため、北西の乾燥した季節風となって吹き降り、太平洋側はカラリとした晴天になります。

等圧線は、日本付近をほぼ南北に走っていて、本数が多いほど（混んでいるほど）強い冬型となります。冬型が緩んでくると等圧線の本数が減り、間隔が開いてきます。寒気の入り方によって等圧線の走り方が異なり、ほぼ南北に走る場合のほか、北西から南東に走る場合などがあります。

寒気の強さを知るときによく利用されるのが、500hPa（上空5500m付近）の気温です。-30℃以下で雪、-36℃以下で大雪、-42℃以下で豪雪が、降雪の目安となり、能登半島に位置する輪島の上空の気温がよく使われます。

気象衛星画像で見てみよう！

前日に日本海を低気圧が東進し、翌日は西高東低の冬型の気圧配置となりました。日本海にはびっしりと筋状の雲が広がっています。

筋状の雲

シベリア寒気団が相対的に海水温の高い日本海を渡ってくる間に、海面から蒸発する水蒸気を含んで暖まります。冷たい上空と温かい海面付近との気温差が大きくなると、大気の状態が不安定となり、積乱雲が発達します。この雲が寒気の流れに沿ってならぶため、気象衛星画像では雲が筋状にならんでいるように見えます。

日本海の筋状の雲が発生し始めている場所と、中国大陸の沿岸部との距離を離岸距離といい、寒気の吹き出しが強いほど離岸距離は短くなります。筋状の雲は、大陸から流れてきた寒気が日本海の水蒸気を冷却させてできるため、寒気が強いほど短距離で雲ができることになります。

【豆知識】冬型の気圧配置をもたらすシベリア高気圧を「冬将軍」と呼ぶこともある。

真冬日

1日の最高気温が0℃未満の日のことを真冬日といいます。冬型の気圧配置が続いて、断続的に強い寒気が流れ込むと真冬日になる地点が多くなります。

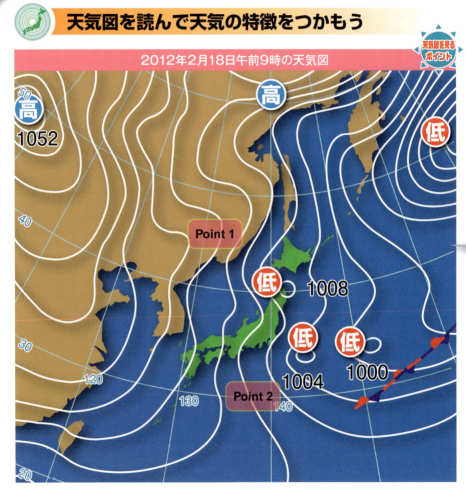

Point 1　日本付近は西高東低の冬型の気圧配置となっています。
Point 2　関東沖には低気圧があり、関東から四国南岸は等圧線が西に凹んでおり、潜在的な前線帯があると考えられます。

【豆知識】気象庁では、一日の最低気温が0℃未満を冬日、最高気温が0℃以下を真冬日と定義している。

真冬日

　1日の最高気温が0℃未満の日のことを真冬日といいます。冬型の気圧配置が続いて、断続的に強い寒気が流れ込むと真冬日になる地点が多くなり、内陸部を中心に局地的に放射冷却現象が強まると、朝晩の冷え込みがさらに厳しくなります。

　真冬日は北日本が中心で、東日本や西日本では（内陸部除く）あまり現れません。東京の最高気温が最も低かった日は1900年1月26日の-1.0℃で、1971年以降は真冬日がありません。

気象衛星画像で見てみよう！

日本付近には北西〜南東にいくつもの筋状の雲が見られ、断続的に寒気が入っているのがわかります。この日は全国的に気温が低下し、401地点で真冬日となったほか、西日本では最高気温が平年より9℃も低い地点がありました。

細氷・氷霧

　厳しい自然条件の元では、美しい現象も多々見られます。冬の現象として代表的なのが細氷（ダイヤモンドダスト）です。細氷は、大気中の水蒸気が昇華し、微細な氷の結晶となってゆっくりと降下してくる現象で、太陽光があたるとキラキラと美しく輝きます。細氷が発生する条件は　①氷点下10℃以下の低温　②無風　③快晴もしくは晴れ　④明け方から朝にかけて　⑤視程が1km以上　で、厳冬期の北海道内陸部で、放射冷却の強まったときに良く見られます。また、さらに気温が低い氷点下30℃以下では、霧が冷やされて凍る氷霧（こおりぎり）という現象が見られます。

　細氷と氷霧は似て見えますが、氷霧は小さな氷晶が大気中を浮遊する現象なのに対して、細氷は氷晶が降る現象です。氷晶の大きさも、氷霧より細氷のほうが大きいのが特徴です。

【豆知識】氷霧は、天気としては霧にふくまれるが、細氷は降水現象なので雪として記録される。

南岸低気圧

東シナ海から本州の太平洋側にかけて前線が現れ、前線上に低気圧が発生して本州の南岸を進む低気圧を南岸低気圧とよびます。

天気図を読んで天気の特徴をつかもう

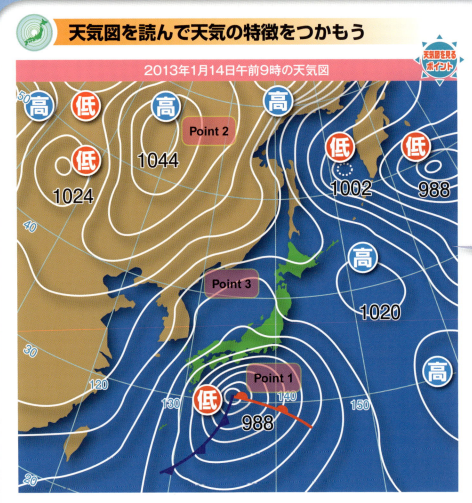

2013年1月14日午前9時の天気図

Point 1 四国沖に中心気圧988hPaの前線を伴った低気圧があり、急発達しながら本州南岸を東に進んでいます。

Point 2 大陸に中心のあるシベリア高気圧が北海道から東北北部にかけて張り出しており、北日本を中心に寒気が残っていることがわかります。

Point 3 低気圧の北側は等圧線の形が凸状に盛り上がっており、南からの暖かく湿った空気の流れ込みが強いことを示しています。

【豆知識】太平洋側で大雪になるときの気圧配置は、南岸低気圧によるものが多い。

南岸低気圧

　東シナ海から本州の太平洋側にかけて現れた前線上に、低気圧が発生して本州の南岸を進む低気圧を南岸低気圧とよびます。

　上空に寒気が残っている気象条件のときに南岸低気圧がやってくると、太平洋側に大雪を降らせることがあります。東京都心に雪をもたらし、交通機関に大きな乱れを生じさせるのも南岸低気圧です。南岸低気圧を台湾坊主と表現することがあります。これは、南岸低気圧がしばしば台湾付近で発生すること、また、低気圧が急発達すると、日本付近を通る等圧線が北に向かって坊主の頭のように円形に膨らむことからこのようにいわれるようになりました。

気象衛星画像で見てみよう！

気象衛星画像では、東日本や北日本に低気圧に伴う大きな雲の塊が見られ、関東南部中心に雪の1日になりました。

東京の雪

　南岸低気圧の通過によって、どれほどの雪や雨になるかは、低気圧のコースや発達具合によって変わるため、非常に予報が難しくなります。雪か雨かはその場所の気温と湿度（ここでは相対湿度のこと）で決まり、湿度が低いほど、気温が0℃より高くても雪になりやすい特徴があります。図は、1997年4月～2009年3月の期間に東京で雪（みぞれを含む）が降り始めた時刻における気温と湿度の関係を示しています。湿度が50％以下の場合、気温が6℃以上でも雪として地上に降ってくることがわかります。これは、湿度が低いと雪結晶の表面から水分が気化し、その際に熱が奪われて雪結晶の温度を下げるからです。

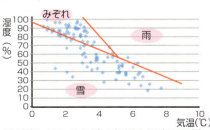

雪が降りはじめた時の気温と湿度の関係
（東京：1997.4～2009.3）

【豆知識】名古屋など東海地方西部の平野部では、冬型の気圧配置のときに雪雲が関ヶ原を通って太平洋側に流れ込み、大雪となることが多い。

141

大雪（山雪）

冬型の気圧配置になると、日本海側の地域で大雪になることがあります。「大雪」でも、大きく分けて「山雪型」と「里雪型」があります。

天気図を読んで天気の特徴をつかもう

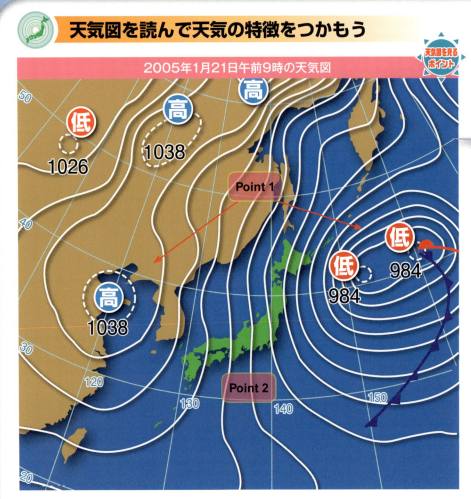

2005年1月21日午前9時の天気図

Point 1 日本の東に発達した低気圧、中国大陸付近には優勢な高気圧があって、日本付近は西高東低の冬型の気圧配置になっています。

Point 2 日本付近は等圧線が南北に5本以上かかっており、縦じま模様になっています。典型的な山雪型の気圧配置といえます。

【豆知識】山雪の場合は内陸の山間部にも雪を降らせる。

山雪型

　冬型の気圧配置が強まると、日本海側の地方では大雪となります。冬型の気圧配置にも大きく分けて「山雪型」と「里雪型」があり、山雪型は等圧線が日本付近をほぼ南北に走り、北西の季節風が強まります。北西の季節風は、日本列島の脊梁山脈で上昇し、山の風上側（日本海側）で雲を発達させて大雪を降らせるため、山間部で降雪量が多くなります。

気象衛星画像で見てみよう！

日本海にはほぼ南北に沿って筋状の雲が広がっています。

冬型の気圧配置がもたらす現象

　西高東低の気圧配置の際、大陸から吹く季節風は日本海を渡るときに、暖かい対馬海流から水蒸気を受け取り積雲を作ります。季節風がその積雲を運び、脊梁山脈に吹きつけ、斜面を上昇することで積乱雲へと変化します。そのため、山間部を中心に雪を降らせます。そこで水蒸気を失い乾燥した北西風が太平洋側に吹きます。

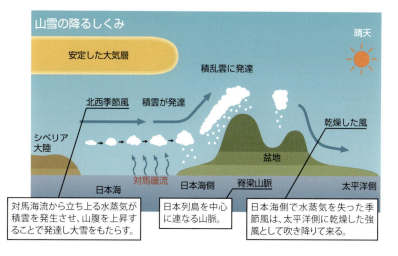

山雪の降るしくみ

【豆知識】日本海側は、世界でも有数の豪雪地帯である。

大雪（里雪）

里雪型は、日本海からの湿った西風が日本海側平野部の冷たい空気にのり、雪雲を発生させ大雪をもたらします。山雪型に比べ大気の状態が不安定です。

天気図を読んで天気の特徴をつかもう

2009年1月12日午前9時の天気図

Point 1 日本のはるか東には発達した低気圧が、中国大陸には優勢なシベリア高気圧があり、日本列島は西高東低の冬型の気圧配置となっています。

Point 2 日本海と東海地方の沿岸には前線を伴わない低気圧があり、このうち日本海の小低気圧は上空に強い寒気を伴っています。等圧線は日本海で湾曲し袋状になっています。

【豆知識】里雪型から山雪型へと変化したり、その逆のパターンも見られる。

里雪型とは

　冬型の気圧配置のうち、日本海側沿岸の平野部で降雪量が多くなるパターンを「里雪型」と呼びます。

　里雪型の気圧配置では、上空に非常に冷たい空気を持った小さな低気圧が、日本海に現れることが多く、気象衛星やレーダーの画像では、雪雲が渦を巻いている様子が見られます。この低気圧の接近により大気の状態が不安定となり雪雲がさらに発達しやすくなります。これが陸地にかかると平野部でも大雪になります。季節風は一時的に弱まることが多いものの、西からの湿った風によって、日本海沿岸の地域では帯状になった雪雲がかかります。等圧線の形は湾曲し、日本海で袋状になります。

　朝鮮半島北部の山岳域で分流した冬の季節風が、日本海西部で再び合流して収束帯を形成することを日本海寒帯気団収束帯（JPCZ）と呼びます。JPCZの上では小低気圧ができ、渦状の雪雲が発生することがあります。この低気圧の中心では積乱雲が発達し、雷やひょうなどの激しい気象現象をもたらすほか、里雪型の大雪の原因となることもあります。

気象衛星画像で見てみよう！

日本海には上空に寒気を伴った低気圧に対応する渦状の雲が見られます。山陰から東北の日本海側には、帯状に雪雲が連なっています。

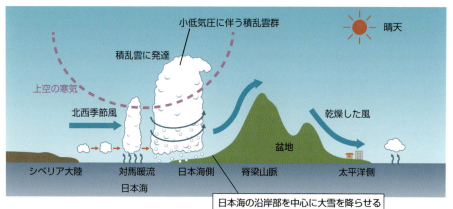

第6章　四季で変わる気象と天気図【冬編（12・1・2月）】

【豆知識】世界で最初の人工雪に成功した中谷宇吉郎は「雪は天から送られた手紙である」の名言を残した。

●地域別気象記録（歴代全国ランキング：気象庁）

■最大10分間降水量

順位	都道府県	地点	観測地	
			mm	起日
1	新潟県	室谷	50.0	2011年 7月26日
2	高知県	清水	49.0	1946年 9月13日
3	宮城県	石巻	40.5	1983年 7月24日
4	埼玉県	秩父	39.6	1952年 7月 4日
5	兵庫県	柏原	39.5	2014年 6月12日

■最大1時間降水量

順位	都道府県	地点	観測地	
			mm	起日
1	千葉県	香取	153	1999年 10月27日
〃	長崎県	長浦岳	153	1982年 7月23日
3	沖縄県	多良間	152	1988年 4月28日
4	熊本県	甲佐	150.0	2016年 6月21日
〃	高知県	清水	150.0	1944年 10月17日

■日降水量

順位	都道府県	地点	観測地	
			mm	起日
1	高知県	魚梁瀬	851.5	2011年 7月19日
2	奈良県	日出岳	844	1982年 8月 1日

■最高気温：高い順

順位	都道府県	地点	観測地	
			℃	起日
1	高知県	江川崎	41.0	2013年 8月12日
2	埼玉県	熊谷	40.9	2007年 8月16日
〃	岐阜県	多治見	40.9	2007年 8月16日
4	山形県	山形	40.8	1933年 7月25日
5	山梨県	甲府	40.7	2013年 8月10日

■最低気温：低い順

順位	都道府県	地点	観測地	
			℃	起日
1	北海道 上川地方	旭川	−41.0	1902年 1月25日
2	北海道 十勝地方	帯広	−38.2	1902年 1月26日
3	北海道 上川地方	江丹別	−38.1	1978年 2月17日
4	静岡県	富士山	−38.0	1981年 2月27日
5	北海道 宗谷地方	歌登	−37.9	1978年 2月17日

二十四節気

中国では昔から太陽の動きに合わせて季節を24にわけ、それぞれ季節の特徴を現す名前をつけてきました。1つの節気は約15日間。日本では、さらに、日本特有の季節の特徴を表す雑節（節分、彼岸、八十八夜、入梅、など）ができあがりました。なお、このカレンダーには花の開花や初雪などの平均的な日にちを加えました。また、通り過ぎると雨を降らせる低気圧が、特異日とは気象統計上、ある特定の天気が現れやすいとされている日です。

春

	5日		東京	ウグイス初鳴（しょめい）
	6日	啓蟄		春の気配を感じて、冬こもりをしていていた虫が地中から這い出て、動き出すころ
	11日		東京・広島・大阪	雪の終日
	12日		沖縄	ツバメ初見
3月	14日	特異日		東北以南で南高北低型の気圧配置となり暖かくなる
	18日ごろ	彼岸の入り		春分の日をはさんだ7日間が春彼岸
	21日ごろ	春分		昼と夜の長さが等しくなる日　太陽が真東から昇り、真西へ沈む
	23日		高知	
	26日		福岡	サクラ開花
	28日		東京・名古屋	
	30日	特異日		関東以南で菜種梅雨となりやすい　大阪サクラ開花
	31日			東北以南で南高北低型となり、暖かくなることが多い

	2日		鳥取	サクラ開花
	5日ごろ	清明		すがすがしい天気に恵まれ、草花が生き生きするころ
	5日	特異日		移動性高気圧によって晴れやすく、遅霜になりやすい
	6日		金沢	サクラ開花
	8日		富山	
		特異日		関西以西で花冷えになりやすい
4月	12日		岡山	サクラ開花
	15日		網走	ツバメ初見
	17日ごろ	土用		
	19日		札幌	終雪
	20日ごろ	穀雨		穀物を育てる雨のこと　菜種梅雨ともいわれる
	24日		青森	ツバメ初見
	26日		青森	サクラ初見
	29日		函館	ツバメ初見

	2日ごろ	八十八夜		立春から88日　若葉が美しい季節　茶摘を始めるので有名
	5日		札幌	サクラ開花
	5日ごろ	立夏		暦の上では夏の始まり　北海道ではサクラが満開になる
	8日		沖縄	梅雨入り
5月	11日		鹿児島	ホタル初見
	13日	特異日		移動性高気圧によって晴れやすい
	21日ごろ	小満		秋にまいた麦に穂がつく　「麦秋」といわれる時期
	22日		長崎	ホタル初見
	27日		宮崎	アジサイ開花
	29日		九州南部	梅雨入り

148

夏

6月	4日		四国	梅雨入り
	5日		九州北部	
	6日		近畿・中国地方	
	6日ごろ	芒種		稲や麦などの穀物の種まきをするころ（現在は5月が多くなっている）
	8日		東海・関東・甲信越	梅雨入り
	10日		北陸・東北南部	梅雨入り
	11日		那覇	アブラゼミ初鳴
	11日ごろ	入梅		梅雨入りするころ
	12日		東北北部	梅雨入り
	13日		横浜	アジサイ開花
	17日		金沢	ホタル初見
	21日ごろ	夏至		太陽が北回帰線上を通るため最も高くなり、昼の長さが最も長くなる日（北半球）
	22日		沖縄	梅雨明け
	27日		秋田	ホタル初見
	28日	特異日	奄美地方	梅雨明け
				梅雨前線の停滞で本州は雨が多い
	30日		福島	ホタル初見
7月	2日ごろ	半夏生		田植えを終える目安
	3日		仙台	ホタル初見
	5日			富士山終雪
	7日ごろ	小暑		暑さが増していく時期
	10日	特異日		沖縄以外で梅雨末期の大雨が多い
	18日		九州南部	梅雨明け
	19日		近畿	
	20日		東海・関東・甲信・中国地方	
	20日ごろ	土用		立秋前の18日間 夏土用の丑の日にはうなぎを食べる習慣がある
	22日		北陸地方	梅雨明け
	23日		東北地方	
	23日ごろ	大暑		最も暑さが厳しい時期 全国的に梅雨明け
8月	4日		横浜	ひぐらし初鳴
	7日ごろ	立秋		暦の上では秋の始まり これ以降の暑さを残暑といい、最も暑いころ
	10日	特異日		太平洋側は晴れやすい
	11日		高山	ススキ開花
	16日		金沢	
	23日ごろ	処暑		暑さが終わる時期 朝夕は少し涼しくなる
	24日		福島	ススキ開花
	25日	特異日		太平洋高気圧が後退し、東日本・北日本で涼しくなりやすい
	30日		京都	ススキ開花

二十四節気

秋				

9月	1日ごろ	二百十日		立春から数えて210日目　稲の開花期 同時の台風シーズンでもある
	7日		鳥取	ススキ開花
	8日ごろ	白露		草花に梅雨がつき始める　秋の到来を実感できる季節
	13日		熊本	ススキ開花
	15日	特異日		北海道以外で秋雨前線による雨が降りやすい
	17日			大型台風が接近、もしくは上陸しやすい
	19日		横浜	ススキ開花
	20日ごろ	彼岸の入り		秋分の日をはさんだ7日間が秋彼岸
	22日		佐賀	ススキ開花
	23日	秋分		昼と夜の長さが同じになる日　涼しさを増していく
	24日		旭川	初冠雪
	26日	特異日		大型台風が接近、もしくは上陸しやすい
10月	1日		富士山	初冠雪
	6日			全国的に西高東低型の気圧配置　日本海側は時雨
	7日		旭川	初雪
	8日ごろ	寒露		冷たい露が草木に降りる　秋が深まっていく時期
	12日		釧路	カエデ紅葉
	16日		軽井沢	初霜
		特異日		東北以南は高気圧によって晴れやすい
	18日		盛岡	初霜
	20日ごろ	土用		
	23日ごろ	霜降		霜がおり始める時期　紅葉が美しくなる季節
	27日		札幌	初雪
	28日		宇都宮	
	29日		松本	カエデ紅葉
	31日		根室	初氷
11月	1日		青森	イチョウ紅葉
	3日		札幌	
		特異日		全国的に高気圧におおわれて、晴れやすい
	7日ごろ	立冬		暦の上では冬の始まり
	7日		東京	木枯らし1号
	8日		盛岡	初雪
		特異日		東北以南では小春日和になることが多い
	10日		都宮	カエデ紅葉
	11日	特異日		木枯らしが吹きやすい
	12日		秋田	初雪
	14日		奈良	カエデ紅葉
	17日	特異日		北海道以外で雨が多い
	19日		東京・名古屋	イチョウ紅葉
	21日		熊谷	初氷
	22日ごろ	小雪		寒さは厳しくなるが、雪が降るほどでない時期
	22日		仙台	初雪
	26日		岡山	カエデ紅葉
	28日		京都	初氷

冬

12月	1日		熊本	カエデ紅葉
	6日	特異日		冬型の気圧配置　晴天率が高い
	7日ごろ	大雪		このころから本格的な冬のシーズンを迎える
	10日		山口	初雪
	14日		京都	
	22日ごろ	冬至		太陽高度が一番低く、夜が最も長くなる日
	22日		熊本・大分	初雪
	26日		大阪・高松	
		特異日		年末寒波になりやすい
	31日		熊谷・高知	初雪

1月	3日	特異日		太平洋側では晴天が多い
	5日ごろ	小寒		「寒の入り」寒さが一段と厳しくなるころ
	6日		鹿児島	初雪
	15日		石垣島	サクラ開花
	18日		静岡	初雪
	17日ごろ	土用		
	19日	特異日		太平洋側では晴天が多い
	20日ごろ	大寒		1年で最も寒い時期 年間最低気温もこのころ
	20日		網走	流氷初日
	21日		宮崎	ウメ開花
	26日		鹿児島	
	29日		東京	

2月	3日ごろ	節分		旧暦では一年の終わり
	4日ごろ	立春		暦の上では春の始まり
	9日		大阪・鳥取	ウメ開花
	12日		熊谷	
	17日	特異日		東京で雪が降りやすい
	19日ごろ	雨水		雪が雨に変わるころ 農耕を始める目安でもある
	22日		神戸	ウメ開花
	26日		東京	春一番

※　■二十四節気　　■雑節　　■特異日

日本の気候区分

　南北に長い日本には地域ごとに独特の気候があり、大きく「北海道気候」「日本海気候」「太平洋気候」「中央高地気候」「瀬戸内海式気候」「南西諸島気候」の6つに区分できます。

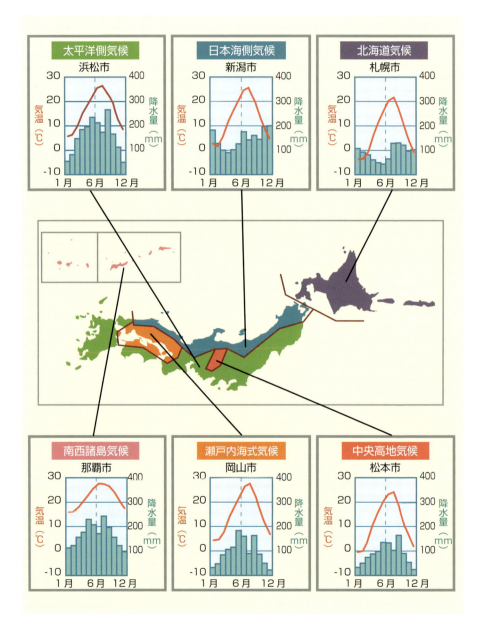

索　引

あ行

秋雨前線	37, **110**, **116**, **117**, 150
秋の長雨	116, 117, 121
秋晴れ	**120**, **121**
秋彼岸	150
暖かい雨	12, **13**
雨雲	11, 54, 99, 111
雨	10, 11, **12**, 13, 21, 25, 27, 28, 31, 32, 34, 36, 37, 48, 49, 50, 58, 59, 62, 72, 73, 77, 79, 87, 93, 94, 95, 99, 106, 107, 116, 117, **119**, 122, 126, 130, 135, 141, 148, 149, 150
アメダス	24, **26**, **27**, **28**, 30, 42, 43
雨粒	**12**, 13, 19, 107
あられ	10, 13, 22, 23, 28, 34, 49, **87**
一時	48
移動性高気圧	46, 71, 83, **84**, **85**, 110, **112**, 113, 117, 120, 121, 148
移流霧	19
いわし雲	11
インディアンサマー	113

雨水	50, 151
うす雲	11
うね雲	11
海風	17
雨量計	28
雲粒	8, 12, 13, 18
雲量	34, 49
エルニーニョ現象	101, 104
大雪	39, 47, 53, 70, 131, 132, 133, 137, 140, 141, **142**, 143, **144**, 145
小笠原気団	46, 47
小笠原高気圧	99
遅霜	71, 83, 148
オゾン層	88
帯状高気圧	**121**
オホーツク海気団	46, 47
オホーツク海高気圧	90, **91**, 92, 94, 95, 101, 104, 105
おぼろ雲	11
おろし	16, 17
温帯低気圧	**39**, **70**, 112, 121
温暖高気圧	38
温暖前線	9, **36**, 37, 39, 40, 56, 61, 65, 70, 94
温度・湿度計	29

温度計	29

か行

回転式日照計	29
海氷	133
海洋性気団	46
海陸風	17
下降気流	14, 15, 21, 38, 103, 107, 111
暈	11
可視画像	30, **31**, 42, 43
風	9, **14**, 15, **16**, 17, 19, 20, 25, 27, 28, 32, 34, 44, 46, 48, 49, **51**, 57, 59, 61, 62, 64, 66, 71, 72, 73, 75, 80, 103, 108, 115, 118, 119, 120, 121, 122, 123, 132, 139, 141, 145
下層雲	10, **11**
滑昇霧	**19**
雷	10, **22**, 23, 34, 36, 39, 49, 53, 54, 70, 86, 87, 127, 128, 133, 135, 145
雷雲	10, 22, 54
空っ風	16, 123, 132
過冷却水滴	13
乾燥断熱減率	72

153

寒帯前線帯	15
寒の戻り	**82**, **83**
寒波	151
寒冷高気圧	38
寒冷前線	9, 20, **36**, 37, 39, 40, 56, 61, 65, **70**, 74, 80, 82, 83, 94
寒冷低気圧	**39**, **86**, **87**
寒露	150
気圧	8, 9, 14, 24, 32, 34, 35, 38, 39, 60, 61, 63, 64, 66, 68, 77, 92, 111, 123
気圧傾度力	14
気圧の谷	63, 77, 92, **111**
気圧配置	32, 41, 75, 98, 103, 106, 114, 116, 120, 122, 123, 130, 132, 133, 136, 137, 140, 142, 143, 145, 148, 150
気温	10, 12, 13, 18, 24, 26, 27, 28, **29**, 32, 34, 36, 47, 48, 49, 53, 70, 71, 72, 75, 85, 87, 92, 95, 97, 103, 108, 115, 116, 117, 124, 125, 130, 131, 132, 137, 139, 141, 152
気候	115, 152
気候区分	152

気象衛星	**25**, **30**, 41, 43, 133, 145
気象衛星画像	**30**, 41, **42**, 43, 137, 141
気象レーダー	24, **25**
季節風	**16**, 47, 123, 130, 132, 133, 135, 137, 143, 145
季節予報	48
気団	**46**, 47, 85
逆転層	**71**, 108
凝結	8, 12, 18
極循環	15
局地風	**16**
極偏東風	15
霧	11, **18**, **19**, 31, 34, 49, 71, 73, 139
きり雲	11
霧粒	12
気流	9, 15, 21, 46
鯨の尾型	**93**, 103
ぐずついた天気	78, 79, 95, 110, 117
雲	**8**, 9, **10**, 11, 12, 13, 14, 18, 19, 22, 24, 25, 29, 30, 31, 32, 34, 36, 39, 41, 42, 44, 50, 71, 72, 75, 77, 79, 81, 85, 87, 93, 95, 99, 101, 103, 105, 107,

雲	115, 117, 119, 121, 123, 125, 130, 131, 132, 135, 137, 139, 141, 143, 145
雲粒	8, 12, 13, 18
くもり雲	11
啓蟄	148
警報	26, 41, **53**
夏至	149
ゲリラ豪雨	**106**, **107**
巻雲	10, 11, 36, 37, 44
巻積雲	10, 11
巻層雲	10, 11, 36, 37
降雨	21, 93
豪雨	46, 93, 95
高気圧	**14**, 17, 32, 35, **38**, 39, 40, 41, 56, 57, 58, 61, 62, **64**, 66, 71, 76, 78, 82, 84, 85, 91, 93, 96, 102, 103, 104, 105, 106, 110, 112, 116, 117, 120, 121, 123, 124, 130, 137, 142, 150
黄砂	73, **80**, **81**
降水確率	48
降水短時間予報	54
降水量	24, 26, **28**, 48, **50**, 53, 79, 110, 118, 146, 147, 152

高積雲	10, 11
豪雪	131, 137, 143
高層雲	10, 11, 36
高層気象観測	24
高層天気図	**33**, 40, 92, 99, 111
豪雪	131, 137, 143
木枯らし	**122**, **123**, 150
穀雨	148
小春日和	**113**, 150
コリオリの力	14, 15, 128

さ行	
サイクロン	45, 119
最高気温	71, 75, 102, 103, 117, 131, 132, 138, 139, 146, 147
最低気温	26, 71, 103, 121, 132, 138, 146, 147, 149, 151
細氷	13, **139**
五月晴れ	**91**, 95
雑節	148
里雪	**132**, 133, 142, 143, **144**, **145**
残暑	**110**, **114**, **115**, 149
ジェット気流	15
紫外線	88, 97
時雨	123, **130**, 150
湿潤断熱減率	72

湿舌	92, **99**
視程	18, 24, 34, 49, **73**, 81, 139
シベリア気団	46, 47, 130
シベリア高気圧	74, 79, 112, 122, 130, 136, 137, 140, 144
霜	53, 71, 124, **125**
集中豪雨	**93**, **98**, **99**, 108
秋分	150
16方位	28, 62, 64
十種雲形	10
瞬間風速	51
春分	75, 148
小寒	151
蒸気霧	19
小暑	149
上昇気流	**8**, **9**, 13, 14, 15, 21, 39, 44, 99, 107, 108, 111
小雪	150
上層雲	10, **11**
小満	148
処暑	149
新雪	88
進路予報	**52**
水蒸気画像	30, **31**
スーパーセル	**21**
すじ雲	11

筋状の雲	11, 31, 123, 125, 130, 131, **137**, 139、143
西高東低	82, 83, 122, 123, 124, **130**, 136, 137, 138, 142, 143, 144, 150
清明	148
世界気象機関	10
積雲	10
赤外画像	**30**, 31, 42, 43, 81
赤外線	19, 30, 31
積雪	24, 26, 27, **29**, 34, 124, 125
積乱雲	10, 20, 21, 22, 23, 31, 37, 39, 44, 87, 92, 93, 99, 106, 107, 119, 133, 135, 137, 143, 145
脊梁山脈	72, 143, 145
節分	148, 151
瀬戸内海式気候	152
背の高い高気圧	38
背の低い高気圧	38
前線	9, 15, 20, 32, **36**, 37, 39, 56, 57, 58, **65**, 66, 70, 74, 76, 77, 79, 86, 87, 92, 93, 95, 99,

前線	104, 106, 107, 110, 115, 116, 117, 122, 140, 141
前線霧	19
前線性上昇気流	9
前線面	19
全天日射量	24
層雲	11, 34
霜降	123, 150
層状雲	10
層積雲	10, 11, 31, 36, 37
相対湿度	141

た行	
大寒	151
大気の状態が不安定	20, 86, 87, 107, 133, 135, 137, 144, 145
大気の循環	**15**
大暑	149
大雪（たいせつ）	151
台風	9, 20, 26, 31, 35, 39, 40, **44**, **45**, 46, **52**, 56, 57, 64, 76, 77, 91, 92, 106, 111, 112, 114, 116, **118**, 119,
台風	126, 127, 128, 150
台風の目	44, 119

タイフーン	45, 126
太平洋側気候	152
太平洋高気圧	90, **91**, 92, 93, 94, 95, 98, 99, 100, 101, 102, 103, 104, 106, 110, 114, 116, 117, 118, 149
ダイヤモンドダスト	13, 139
太陽エネルギー	15
大陸性気団	46
対流雲	**10**
対流性上昇気流	9
ダウンバースト	20, **21**
高潮	53
だし	16
竜巻	**20**, 21, 54, 86, 87, 119
谷風	17
暖冬	53
断熱膨張	8
地域気象観測システム	24, 27
地球温暖化	112
地形性上昇気流	9
地衡風	14
地上天気図	32, **33**, **40**, 41, 56
注意報	26, **53**

中央高地気候	152
超音波式積雪計	29
直達日射量	29
対馬海流	46, 130, 143
冷たい雨	12, **13**
梅雨	37, 47, 78, 88, 91, 94, **95**, **96**, **97**, 98, 99, 100, 101, 150
露	8, 18, 150
梅雨明け	**90**, **92**, **100**, **101**, 104, 149
梅雨入り	**90**, **94**, **95**, 148, 149
梅雨寒	95
低気圧	9, **14**, 32, 35, 36, 37, **38**, **39**, 40, 41, 42, 56, 57, 58, 61, 62, **64**, 66, 70, 72, 74, 75, 76, 77, 80, 81, 82, 83, 84, 86, 87, 94, 95, 111, 115, 117, 119, 120, 122, 123, 124, 130, 132, 133, 134, 136, 137, 138, 140, 141, 142, 144, 145, 148
低気圧性上昇気流	9
停滞前線	36, 37, 39, 40, 42, 56, 65, **70**, 78, 79, 90, 94, 105, 106, 107

天気記号	**34**, 41, 56, 66
天気図	**32**, **33**, 34, **40**, 41, **42**, **56**, 57, 58, 62, 65, 66, 67, 68, 93, 99, 103, 110, 117, 125, 130, 132
天気予報	24, **48**, 49, 54, 66, 68
転倒ます型雨量計	28
等圧線	14, **35**, 39, 40, 58, 61, 62, 64, 66, 67, 74, 76, 80, 93, 103, 118, 120, 122, 123, 124, 130, 132, 134, 136, 137, 138, 140, 141, 142, 143, 144, 145
東西流型	105
冬至	150
特異日	148
時々	48
ドップラーレーダー	25
土用	149
トラフ	63
トリチェリ	68
トルネード	21
トロピカル,サイクロン	45

な行	
凪	17
菜種梅雨	**78**, **79**, 148
夏土用	149
夏日	102, 113
南岸低気圧	70, **140**, **141**
南高北低型	148
南西諸島気候	152
南北流型	105
虹	127
二十四節気	**148**, **150**, 151
日照計	29, 30
日照時間	24, 26, 27, 28, **29**, 130
二百十日	150
日本海側気候	152
日本海低気圧	70
日本式天気図	65
入道雲	10
入梅	148, 149
にわか雨	34, 58, 59, 119
熱帯低気圧	39, 44, 45, 56, 64, 114, 115, 119, 126
熱帯夜	103
のち	48

は行	
梅雨前線	37, 47, **90**, **91**, **92**, 94, 95, 96, 97, 98, 99, 100, 101, 117, **149**
爆弾低気圧	76
白露	150
八十八夜	148
白金抵抗温度センサー	29
初冠雪	**124**, **125**, 150
初氷	124, 125, 150
初霜	**124**, **125**, 150
初雪	125, 150, 151
ハドレー循環	15
ハリケーン	**45**, 119
春一番	70, **74**, 75, 82, 83, 151
春の嵐	**76**, 77
春の長雨	79
春彼岸	148
波浪	53, 133
半夏生	149
ヒートアイランド	106, **108**
飛行機雲	10
ひつじ雲	11
ひまわり	25, 30, 43
雹（ひょう）	34, 135
氷晶	12, 13, 22
風向	16, 24, 28, 32, 36, 41, 59, 60, **62**, 64, 66, 75

157

風向風速計	28
風速	20, 24, 26, 28, 32, 33, 35, 39, 41, 44, 45, 51, 52, 53, 60, **62**, 75, 119, 123
風力	34, 35, 51, 53, 56, 58, 59, 60, 62
フェーン現象	72, 103, 115
フェレル循環	15
富士山レーダー	27
藤田スケール	20
二つ玉低気圧	70, 77, 111
冬型	122, 123, 125, 130, 136, 137
冬型の気圧配置	79, 82, 83, 112, 113, 122, **123**, 124, 130, 135, **136**, **137**, 138, 141, 142, **143**, 144, 151
冬将軍	137
冬日	131, **132**, 138, 139
ブロッキング	105
閉塞前線	36, 37, 39, 40, 56, 61, 65
偏西風	15, 39, 46, 80, 81, 85, 87, 105, 111, 112, 118, 121
貿易風	15
放射霧	**19**

放射冷却	17, 71, 86, 121, 125, 130
芒種	149
飽和水蒸気量	12, **18**, 72
北海道気候	152
北高型	78, 110, 116, 117
北西季節風	130, 145
北東気流	47, **110**, 117

ま行	
真夏日	102, 110, 149
真冬日	**131**, 132, **138**, **139**
むら雲	11
メイストーム	70, 77
猛暑	92, 93, **102**, **103**, 117
猛暑日	102, **103**
目視	24, 73, 81
もや	18, 73
モンスーン	16

や行	
矢羽根	34, 62
山風	17
やませ	47, **92**, 104, 105
山谷風	17
山雪	132, **142**, 143, 144
融解	13
夕立	149

雪	10, 11, **12**, 13, 23, 25, 28, 29, 34, 36, 49, 72, 81, 87, 125, 130, 131, 135, 136, 137, 141, 142, 143, 145, 150, 151
雪雲	11, 125, 132, 133, 135, 137, 141, 144, 145
揚子江気団	46, 47, 85
予想天気図	33, 40
予報円	52

ら行	
雷雲	10, 22, 54
落雷	22, 23, 86, 93
ラジオゾンデ	24
乱層雲	10, 11, 31, 37
陸風	17
立夏	148
リッジ	63
立秋	101, 110, 114, 149
立春	74, 75, 83, 148, 150, 151
立冬	110, 150
流氷	**133**, 151
冷夏	53, 101, **104**, 105
露点	8, 18, 125

わ行	
わた雲	10

※太字は見出しに語句が含まれているページ

執筆者プロフィール

村山貢司

東京教育大学農学部卒業。日本気象協会入社。1980年代よりNHKの主要なニュース番組のキャスターを歴任後、気象業務支援センターに移籍。気象、生気象、地球環境が専門分野で、特に花粉症の専門家として著名。東京都花粉症対策検討委員会委員、林野庁スギ花粉動態委員会委員、花粉学会評議員等を務める。著書も多数。気象予報士。

高田斉

日本気象協会入社。NHK仙台放送局で気象キャスター後、NHK総合テレビの気象キャスターとして、一貫して気象解説を担当。落ち着いたわかりやすい解説で長くNHK気象解説の中心的な役割を担った。気象予報士。
著書に「日本と世界のお天気おもしろ雑学」「気象ハンドブック」

飯沼孝

東海大学大学院海洋学研究科修士課程修了。大手気象会社に入社後、気象キャスターや予報業務に従事。その後、フリーの気象予報士として独立。予測の現業や気象キャスターとして活動する一方、気象・環境に関する出前授業をはじめ、各種講演やセミナー、気象予報士試験対策講座の講師や個別指導など、気象・環境分野の教育活動に携わっている。気象予報士。

片山勝之

東京大学理学部地球惑星学科を経て東京大学大学院気候システム研究センター修了。一般財団法人日本気象協会に入社、電力会社や道路会社向けの気象予測をはじめ、国土交通省の降雨予測などを担当。気象予報士。著書に「なるほど！お天気学」

安浪京子

神戸大学発達科学部人間行動表現学科卒業。各テレビ、ラジオ局の気象キャスターを歴任。携帯サイトなどで生気象をはじめとする情報を発信する他、各地で講演やセミナー講師を務め、気象教育活動に携わっている。気象予報士。著書に「なるほど！お天気学」

天気検定協会

天気に関わる様々な知識を普及、啓発し、日常生活の質的向上に寄与することを目的として設立された協会。
国家資格である気象予報士試験が高度な専門知識を要することから、子供からお年寄りまで幅広い人が、段階に応じて天気について楽しく学ぶことができる「天気検定」を毎年実施。
天気検定を通して天気に関する幅広い知識を身につけ、天気の面白さや奥深さを知る機会を提供すると共に、講座などでも天気に関わる様々な知識を普及・啓蒙している。
天気検定協会は気象学、気象庁業務、産業気象、生気象、気象情報など、それぞれの分野の権威とされる学識者を始め、気象業界で活躍する気象予報士や気象業務に関わるメンバーによって構成されている。

【STAFF】
■編集・制作：有限会社イー・プランニング
■編集協力：岡村真由美
■デザイン・DTP：小山弘子
■イラスト：太田アキオ

気象と天気図がわかる本
しくみ・読み方・書き方　ビジュアル徹底図解

2018年 6 月20日　第 1 版・第 1 刷発行
2024年 9 月15日　第 1 版・第 10 刷発行

監修者　　天気検定協会（てんきけんていきょうかい）
発行者　　株式会社メイツユニバーサルコンテンツ
　　　　　代表者　大羽　孝志
　　　　　〒102-0093 東京都千代田区平河町一丁目 1-8
印　刷　　株式会社厚徳社

◎『メイツ出版』は当社の商標です。

●本書の一部、あるいは全部を無断でコピーすることは、法律で認められた場合を除き、
　著作権の侵害となりますので禁止します。
●定価はカバーに表示してあります。
©イー・プランニング,2014,2018. ISBN978-4-7804-2046-3 C2044 Printed in Japan.

ご意見・感想はホームページから承っております。
ウェブサイト https://www.mates-publishing.co.jp/

企画担当：大羽孝志 / 堀明研斗

※本書は2014年発行の『気象 と天気図がわかる本』を元に加筆・修正を行ったものです。